中国畜禽遗传改良进展报告

（2020）

农业农村部种业管理司　　编
全国畜牧总站

中国农业出版社
北 京

图书在版编目（CIP）数据

中国畜禽遗传改良进展报告.2020/农业农村部种业管理司，全国畜牧总站编.—北京：中国农业出版社，2021.11

ISBN 978-7-109-29001-3

Ⅰ.①中… Ⅱ.①农… ②全… Ⅲ.①畜禽－遗传改良－研究报告－中国－2020 Ⅳ.①S813.3

中国版本图书馆CIP数据核字（2022）第012440号

中国农业出版社出版

地址：北京市朝阳区麦子店街18号楼

邮编：100125

责任编辑：郑　君　　文字编辑：司雪飞

版式设计：杨　婧　　责任校对：吴丽婷

印刷：北京通州皇家印刷厂

版次：2021年11月第1版

印次：2021年11月北京第1次印刷

发行：新华书店北京发行所

开本：700mm×1000mm　1/16

印张：9.75

字数：180千字

定价：68.00元

中国畜禽遗传改良进展报告（2020）

编 委 会

主　任：张兴旺　王宗礼

副主任：谢　焱　时建忠

委　员：厉建萌　刘丑生　张桂香　陈瑶生　张胜利　李俊雅　
　　　　李发弟　杨　宁　文　杰　侯水生

编 写 人 员

主　编：时建忠

副主编：刘丑生　张桂香

编　者：（按姓氏笔画排序）

丁向东	文　杰	王立贤	王克华	王继文	王雅春
王维民	王长存	王洪宝	卢立志	付言峰	乐祥鹏
史新平	石少磊	刘剑锋	刘小红	刘　林	刘　娣
孙从佼	孙东晓	闫青霞	曲　亮	朱　波	张桂香
张胜利	张细权	张　震	张　琪	张　扬	陈瑶生
陈绍祜	杨　宁	杨公社	杨宏军	李俊雅	李发弟
李学伟	李加琪	李建斌	李红波	李　姣	李万宏
杜金平	邱小田	何大乾	邵华斌	郑麦青	郑伟杰
周正奎	金　海	侯水生	侯卓成	昝林森	姜勋平
段忠意	胡顺林	胡翙坤	赵书红	赵玉民	赵凤茹
宫桂芬	高会江	徐桂云	黄路生	阎　萍	梁春年
覃广胜	曾庆坤				

主　审：陈瑶生　孙东晓　李俊雅　李发弟　杨　宁　文　杰　
　　　　侯水生

前　言

　　畜禽遗传改良是培育畜禽良种、持续提升畜禽良种生产性能和品质水平、推动畜禽种业发展的重要工作举措和技术手段。2008—2020 年，我国先后发布实施了主要畜禽的遗传改良计划，遴选一批核心育种场、良种扩繁推广基地和种公猪站，组织开展了生产性能测定和遗传评估等工作。我国畜禽现代育种体系逐步建立起来，推动全国畜禽育种企业育种技术和水平整体提升，主要畜禽生产性能不断提高，对促进畜牧业持续健康发展发挥了重要的支撑作用。

　　2021 年中央 1 号文件、2020 年国务院《关于促进畜牧业高质量发展的意见》都明确提出，要实施畜禽遗传改良计划。为深入贯彻落实党中央、国务院决策部署，2021 年 4 月，农业农村部发布了新一轮《全国畜禽遗传改良计划（2021—2035 年）》，为畜禽遗传改良工作指明了新的目标和方向。

　　畜禽遗传改良是一项需要坚持不懈长期推动开展的事业。为及时收集整理相关资料，展现我国畜禽遗传改良现状，总结经验，改进不足，更好地推进工作，我们开始组织编写《中国畜禽遗传改良进展报告》（以下简称《报告》）。《报告》（2020）主要包括生猪、奶牛、肉牛、羊、蛋鸡、肉鸡和水禽自实施遗传改良计划以来至 2020 年底取得的成效以及遗传改良的进展等内容。本书可作为种畜禽场、畜禽养殖场的重要技术参考资料，可以为行业主管部门制定相关政策提供科学依据，也可以作为广大畜牧从业者学习和交流的参考工具书。

　　在《报告》（2020）编写过程中，农业农村部畜牧兽医局、中国农业大学、中国农业科学院北京畜牧兽医研究所、中山大学、兰州大学、中国奶业协会、中国畜牧业协会、江西农业大学、四川农业大学、江苏省家禽科学研究所等单位给予了大力支持与帮助，各国家畜禽核心育种场、良种扩繁推广基地、种公畜站、部分省级畜牧技术推广机构等单位给予了全力配合，在此一并表示衷心的感谢。

由于编写内容涉及范围较广、资料和数据较多，书中出现纰漏在所难免，敬请同行专家和广大使用人员不吝赐教，及时提出批评和更正意见。

编　者
2021 年 10 月

目 录

肉 牛 篇

羊 篇

蛋　鸡　篇

肉　鸡　篇

水　禽　篇

综 合 篇

畜禽种业是国家战略性、基础性核心产业，是引领和支撑畜牧业发展的核心和关键。畜禽良种是发展畜牧业的基础生产要素，对畜牧业发展的贡献率超过 40%。畜禽遗传改良是培育畜禽良种、显著提升畜禽良种生产性能和品质水平、推动畜禽种业发展的重要工作举措和技术手段。党的十八大以来，党中央、国务院高度重视种业发展，习近平总书记强调，要下决心把民族种业搞上去，抓紧培育具有自主知识产权的优良品种，从源头上保障国家粮食安全。2021 年中央 1 号文件、2020 年国务院《关于促进畜牧业高质量发展的意见》都明确提出，要实施畜禽遗传改良计划。农业农村部全面贯彻落实党中央、国务院决策部署，推进畜禽遗传改良计划持续深入实施，全国畜禽育种体系逐步建立健全，种畜禽生产性能显著提升，为保障畜牧业用种需求发挥了关键作用。

一、我国畜禽遗传改良现状

改革开放以来，我国畜禽种业得到快速发展。从 2008 年到 2020 年，我国实施第一轮全国畜禽遗传改良计划，覆盖了奶牛、生猪、肉牛、蛋鸡、肉鸡和肉羊等六大畜种，主要畜禽的育种工作逐步规范开展起来。

（一）畜禽遗传改良工作组织管理机构建立健全，管理制度日益完善

农业农村部成立全国畜禽遗传改良计划领导小组、专家组和办公室，办公室设在全国畜牧总站，明确职责和人员，负责遗传改良计划的组织实施、技术指导。先后制定发布了遗传改良计划实施方案以及国家核心育种

场和良种扩繁推广基地遴选程序、遴选标准、核验核查、性能测定技术规范等一系列配套管理办法及技术规范。组建了一支理论水平高、实践经验丰富的科研院所和高校知名专家分畜种组成遗传改良计划专家组，负责改良计划实施的咨询和技术指导，为畜禽遗传改良计划的顺利实施提供了有效的组织和制度保障。

（二）国家畜禽核心育种群体系逐步完善，创新能力不断增强

通过第一轮畜禽遗传改良计划的实施，经多次遴选以及部分淘汰，截至 2020 年底，确定国家核心育种场 191 个、良种扩繁推广基地 32 个和种公猪站 4 个。其中，生猪核心育种场 89 个、种公猪站 4 个，建立了母猪存栏规模约 13.7 万头的育种核心群，杜洛克、长白和大白猪（以下简称杜长大）3 个品种母猪比例基本保持在 13%、21% 和 65%；奶牛核心育种场 10 个，存栏奶牛 4.83 万头，其中核心群母牛 1.55 万头，核心群平均单产达 13.2 吨，平均乳脂率 4.21%、乳蛋白率 3.40%、体细胞数 15.80 万个 / 毫升；肉牛核心育种场 42 个，登记品种 26 个，筛选核心育种群 1.66 万头；蛋鸡核心育种场 5 个，主推品种 12 个，均为培育品种（配套系），育种核心群 8.46 万只。良种扩繁推广基地 16 个，存栏主推品种超过 17 个，2020 年推广商品代雏鸡 8.02 亿只，占全国销售总量的 70.1%；肉鸡核心育种场 17 个，主推品种 26 个，育种核心群 43.5 万只。良种扩繁推广基地 16 个，主推品种（配套系）19 个，推广商品代肉鸡 29.59 亿只；肉羊核心育种场 28 个，登记品种 21 个，存栏种羊 14.9 万只。这些高水平的种畜禽场夯实了我国畜禽良种稳定供应的基础，全面开启了我国现代畜禽自主育种创新工作，以市场为导向、企业为主体、产学研用相结合的商业化育种体系逐步建立健全。

（三）种畜禽登记和性能测定持续开展，育种数据质量不断提升

生猪：截至 2020 年 12 月，国家种猪数据库已累计存储 1 072.6 万头种猪有效登记记录，498.9 万头猪的生长性能测定记录，150.4 万头母猪的 237.2 万条繁殖性能记录，为我国种猪育种提供了重要的数据保障。加强种猪性能测定中心建设，在全国范围内建立了场内测定为主、测定中心测

定为辅的种猪生产性能测定体系。奶牛：2020 年，全国累计登记中国荷斯坦牛 195.4 万头，累计体型鉴定 45 万头，全国奶牛生产性能测定规模达到 129.5 万头，实际完成 700 余头青年公牛基因组检测和后裔测定，超额完成 500 头的计划任务。肉牛：开展以育种场为主的场内生产性能测定，累计登记 4.1 万头，共收集生产性能测定数据 65.9 万余条，实现了全部进站公牛的生产性能测定。2015 年启动西门塔尔牛全国联合后裔测定，累计测定种公牛 92 头。肉鸡：建立遗传改良数据平台，确定了祖代、父母代、商品代生产性能指标，收集、分析核心品种生产性能，年度收集生产数据约 6 万条。肉羊：28 个国家肉羊核心育种场每年种羊性能测定数量达到 5.6 万只以上。场内和中心测定逐步规范，大大推进了畜禽遗传改良的进程。

（四）全国主要畜种遗传评估系统逐步构建，遗传评估广泛开展

组建了全国生猪遗传评估中心，建立了全球最大规模的国家种猪数据库。评估中心每周 2 次为核心育种场种猪进行遗传评估，计算父系指数和母系指数，每 3 个月发布 1 次全国种猪遗传评估报告。建设全国种猪信息平台，为注册种猪场提供在线种猪登记、育种数据上传、种猪测定信息查询等服务。建立了我国奶牛常规和基因组遗传评估技术平台，制定并实施中国奶牛性能指数（CPI），已实现青年公牛基因组检测全覆盖。通过遗传评估，累计完成 4 000 头公牛的后裔测定，每年定期发布《中国乳用种公牛遗传评估概要》，指导全国奶牛场科学选种选配。建设国家肉牛遗传评估中心，制定实施中国肉牛选择指数（CBI）和中国乳肉兼用牛总性能指数（TPI），每年开展一次全国肉用及乳肉兼用种公牛遗传评估工作，发布《中国肉用及乳肉兼用种公牛遗传评估概要》。

（五）场间遗传联系稳步提升，局部联合育种初步实现

生猪育种：随着种公猪站优秀公猪精液的交流，核心种猪场间的遗传联系稳步提升，杜长大核心群的场间遗传联系分别由 2014 年的 0.14%、0.18% 和 0.21% 提高至 2020 年的 0.39%、0.43% 和 0.72%，分别增长了 1.9 倍、2.4 倍和 4.0 倍。根据场间遗传联系情况，开展了局部性跨场联合遗传

评估，初步建立了局部性联合育种体系，联合育种取得实质性进展。奶牛育种：组建了北方育种联盟、香山育种联盟以及奶牛育种自主创新联盟等育种联合体。肉牛育种：针对有育种基础的品种或杂交改良群，各品种相关企业、大学、科研院所和专家自发组织，成立了北京联育肉牛后裔测定联盟、肉用西门塔尔牛育种联合会、乳肉兼用牛培育自主创新联盟、秦川牛育种联合会等联合育种组织，吸纳全国 30 多家种公牛站和核心育种场及企业参与，实现了资源、技术和育种信息互通共享，为联合育种工作的开展奠定了基础。

（六）畜禽种业标准体系日益完善，工作基础更加夯实

经过多年努力，已制定畜禽种业相关标准 226 项，涉及大部分畜禽（猪、牛、羊、家禽、马驴驼、兔及特种经济动物等）品种，内容涵盖了畜禽生产性能测定，畜（禽）精液、胚胎等遗传材料质量，畜禽繁育技术及基础标准等，建成了范围较为完整、指标较为科学，包含"品种—繁育—生产"全产业链条的畜禽种业标准体系，有力推进了畜禽遗传改良计划的顺利实施。

（七）种畜禽质量安全监督检查常态化，种畜禽质量有保障

组织十余家种畜禽质量监测机构开展"种畜禽质量安全监督检查"工作，每年检测种公猪常温精液 400 余头份，测定种公猪生产性能 400 头以上，抽检国内外种公牛冷冻精液 900 余头份，测定肉鸡配套系 6 个。奶牛生产性能测定标准物质制备实验室年发送标准物质近 3 万套，为确保全国30 多个测定中心测定结果的准确性和一致性，发挥了标尺作用。

（八）技术培训与指导专业化，促进企业自主育种能力不断提升

针对我国畜禽现代育种工作起步晚、基础薄弱的问题，建立固定专家现场指导制度。每年组织专家 1～2 次到核心育种场开展一对一的技术指导。每年开展 2～5 期性能测定技术培训班，邀请一线知名专家对育种技术人员进行性能测定、良种登记、数据核查等方面的专题培训。经过持续

开展的技术培训和专家现场技术指导，畜禽种业从业人员专业技术水平和管理能力不断提高，推动核心育种场自主育种能力持续提升，引领我国畜禽育种逐步走上了现代育种的道路。

二、我国畜禽遗传改良取得显著进展

全国畜禽遗传改良计划经过十二年的实施，对产业发展发挥了重要的支撑作用，促进了基因组选择技术、采食量自动测定系统为代表的一批育种新技术在国家核心育种场的示范应用，带动了全国育种企业育种水平的整体提升，性状遗传改良进展加快，涌现出一批特征明显、性能优异、市场占有率高的新品种、配套系，畜禽生产性能水平大幅提升，畜禽种业发展的整体性、系统性明显提高。目前从我国畜禽种源保障看，黄羽肉鸡、蛋鸡、白羽肉鸭种源能实现自给且有竞争力；生猪、奶牛、肉牛种源能基本自给，但性能与世界先进水平相比还有较大差距，个别种源还主要从国外进口。总体看，我国畜禽种源立足国内有保障、风险可管控，核心种源自给率超过75%，基本满足我国畜禽良种需求，为畜牧业健康稳定发展提供了有力的种源支撑。

（一）生猪

2020 年，杜长大核心育种群存栏约 13.7 万头，这些种群分布在全国23 个省（自治区、直辖市）；经测算，这些核心种源至少辐射了 150 万头母猪的扩繁群以及至少 3 亿头商品猪。我国现有种公猪站 862 个，存栏种公猪 12 万头，年可提供精液 3700 万头份。通过遗传改良计划的实施，主导品种重要经济性状获得明显遗传进展。

根据性能测定成绩，近 5 年，杜洛克、长白猪的 100 千克体重日龄分别降低 3.9 天和 1.4 天，100 千克校正背膘厚与 2016 年相比略有下降；长白猪的总产仔数稳定提升，达到 12.43 头，杜洛克猪的总产仔数达到 9.57头；三个品种中，大白猪的总产仔数和活仔数最高，杜洛克猪最低。近 10年来，国家核心育种场杜长大的达 100 千克体重日龄和背膘厚均呈现明显

的下降趋势，其中三个品种达 100 千克体重日龄平均从 168.38 天下降到
162.26 天，平均下降了 6.12 天；三个品种的背膘厚平均从 11.08 毫米下降
到 10.85 毫米，平均下降了 0.23 毫米；大白猪的平均总产仔数和产活仔数
分别从 2011 年的 10.92 头和 10.08 头上升到 2020 年的 13.18 头和 11.85 头，
分别上升了 2.26 头和 1.77 头；长白猪的平均总产仔数和产活仔数分别从
2011 年的 11.09 头和 10.24 头上升到 2020 年的 12.64 头和 11.38 头，分别
上升了 1.55 头和 1.14 头。2019—2020 年，由于非洲猪瘟疫情的影响，总
产仔数和产活仔数的表型进展有所放缓。

经过 10 年遗传改良，杜洛克、长白和大白猪达 100 千克体重日龄估计
育种值（EBV）累计减少 3.54 天、2.17 天和 2.64 天；达 100 千克活体背膘
厚 EBV 在杜洛克上呈现明显的下降趋势，累计下降了 0.18 毫米，但长白、
大白猪的遗传进展不明显，这与我国当前大白、长白猪以总产仔数和日龄
为重点、杜洛克猪以日龄和背膘厚为重点的育种方案相吻合；长白和大白
猪总产仔数 EBV 累计分别增加 0.30 头和 0.39 头，杜洛克猪主要考虑生长
速度和瘦肉率，总产仔数 EBV 变化不大。部分企业的种猪生产性能达到国
际先进水平。

（二）奶牛

2020 年，国家奶牛核心育种群母牛存栏 1.55 万头，为种公牛站等育种
企业年输出自主培育后备公牛 308 头，保障了我国奶牛种源供给。36 个种
公牛站存栏采精荷斯坦种公牛 435 头，实际生产荷斯坦牛冻精 412 万剂，
年销售 417.1 万剂，年培育乳用后备公牛 180 头。与 2019 年相比，种公牛
和培育的乳用后备公牛数量均下降。

截至 2020 年底，我国奶牛基因组选择参考群体新增 6 300 余头，群体
规模达到 1.4 万头。基于选择参考群体，累计对 3 497 头荷斯坦青年公牛进
行了基因组遗传评估。结果表明，公牛的基因组性能指数、乳脂量、乳蛋
白量、体型总分、泌乳系统、肢蹄和体细胞评分均取得了一定遗传进展。

根据常规遗传评估结果，2008—2016 年出生的中国荷斯坦牛公牛群体
产奶量年均进展 53.29 千克、乳脂量年均进展 2.71 千克、乳蛋白量年均进

展 2.29 千克；2008—2016 年出生的中国荷斯坦牛母牛群体产奶量年均进展 56.86 千克、乳脂量年均进展 1.86 千克、乳蛋白量年均进展 2.0 千克。公牛和母牛的遗传进展均明显快于 2008 年之前。

2020 年，全国奶牛生产性能测定工作稳步推进。全年共 129.5 万头奶牛进行生产性能测定，来自 1 291 个奶牛场，测定记录达 681.5 万条，参测泌乳牛数量比 2019 年增加 1.9%。参测奶牛测定日平均产奶量达到 32.4 千克，同比增加 3.85%；平均乳脂率为 3.92%，同比下降 1.0%；平均乳蛋白率为 3.36%，同比上升 0.6%；平均体细胞数为 23.9 万个 / 毫升，同比减少 0.3 万个 / 毫升。

2020 年，参加后裔测定的青年荷斯坦公牛新增 126 头，在全国 20 多个省份发放冻精 76779 剂，收集后裔测定配种记录 22 971 条，新出生女儿牛 6 309 头，有力助推了我国乳用公牛自主培育工作。

（三）肉牛

截至 2020 年，国家肉牛核心育种场登记品种 26 个，全群存栏 1.66 万头。全国共有 36 个种公牛站生产销售肉牛冷冻精液，共存栏肉用种公牛（包括乳肉兼用牛）3 529 头，其中采精公牛 2 586 头。

国家肉牛核心育种场和种公牛站全群实施性能测定。截至 2020 年底，42 个国家肉牛核心育种场和 36 个种公牛站累计参与生产性能测定群体数量达到 3 万头，共收集生长发育记录 59 万余条、体型外貌评分记录 7 千余条、超声波测定记录 1.1 万余条、采精记录 2.4 万余条和配种产犊记录 5.1 万余条，每年参加生产性能测定的牛只数量超过 8 000 头。通过性能测定和个体选择，每年可选出优秀种公牛 200 头以上，为我国肉牛育种工作奠定了良好基础。

截至 2020 年底，国家肉牛遗传评估中心建立起全国最大的肉用西门塔尔牛基因组选择参考群体，规模达 3 682 余头（包括和牛参考群体 460 余头），全国完成遗传评估种公牛数量达 6 542 头。根据遗传评估结果，实施遗传改良计划以来，我国肉用西门塔尔种公牛在日增重等性状上取得了明显的遗传进展。

2016 年以来，累计开展 4 个批次 102 头种公牛后裔测定，交换冻精 20 660 剂，产犊记录 4 310 头，断奶测定 2 280 头，屠宰测定 157 头。根据后裔测定数据，首次发布了 80 头有后裔测定成绩的种公牛遗传评估结果，后裔测定各性状遗传评估准确性提高了 12% ～ 17%。

（四）羊

2020 年，28 个国家肉羊核心育种场登记品种共 21 个，其中绵羊品种 16 个、山羊品种 5 个，登记核心群羊只共 14.9 万只，同比增加 73.3%。

2020 年底，28 家国家肉羊核心育种场累计参与生产性能测定的种羊有 74 940 只，同比增长 24.8%；全年收集表型记录 18.04 万条，同比增长 107.1%。其中，生长发育记录 14.84 万条、繁殖记录 2.95 万条、胴体性状记录 0.25 万条。在所有品种中湖羊测定数据量最多，有 7.75 万条；引入品种中杜泊羊测定数据量最多，有 1.81 万条。

基因组选择技术体系正在加快建立。其中，兰州大学牵头联合国家肉羊核心育种场和规模化羊场共同构建了包括 225 个表型指标和全基因组遗传变异的湖羊基因组选择参考群体 1 806 只；天津奥群牧业有限公司构建了澳洲白羊和杜泊羊的混合参考群体 3 357 只。这些参考群体的组建将推动我国羊遗传评估技术实现跨越式发展。

2020 年，湖羊遗传改良工作进展明显。湖羊公羊初生重为 3.65 千克，同比提高 1.11%；周岁重 69.47 千克，同比提高 17.93%。湖羊母羊初生重 3.33 千克，同比下降 0.60%；周岁重 53.67 千克，同比提高 2.97%；产羔率 250.9%，同比提高 3.89%。除母羊初生重略有下降，其他主要生长指标均有不同幅度的提升，其中表型进展最显著的是公羊 6 月龄重，提高了 28.83%，选育成效显著。

2020 年，国家审定通过 4 个绵山羊新品种，分别为鲁中肉羊、草原短尾羊、黄淮肉羊和疆南绒山羊，种源自给率稳步提升。

（五）蛋鸡

2012—2020 年，我国育成蛋鸡品种 16 个，其中高产蛋鸡品种 7 个、地方特色蛋鸡品种 9 个，占我国已育成蛋鸡品种的 72.7%，完成了第一轮蛋鸡遗传改良计划规定的任务目标。经过持续选育，改良计划实施前已育成的高产蛋鸡 72 周龄产蛋数增加了 10 ～ 12 个，料蛋比降低 0.2 ～ 0.3，死淘率降低 3 ～ 3.5 个百分点，生产性能达到国际先进水平。

2020 年 5 个国家蛋鸡核心育种场共选育蛋鸡品系超过 40 个。育种单位对蛋鸡育种关注的性状越来越多，取得了一定进展。峪口禽业 9 个品系 80 周龄产蛋数增加了 1.3 ～ 2.9 个；80 周龄蛋重有 5 个品系增加了 0.4 ～ 0.9 克；5 个洛岛红品系蛋壳颜色 L* 值降低 0.26 ～ 1.03，均有加深；9 个品系蛋壳强度增加了 0.060 ～ 0.264 千克 / 平方厘米。中农榜样 6 个品系中，开产日龄有 4 个品系提早 0.4 ～ 2 天；6 个品系 43 周龄产蛋数增加 0.4 ～ 2.3 个；农大 3 号小型蛋鸡配套系父本、农大 5 号小型蛋鸡配套系母本蛋壳颜色 L* 值降低 1.1 ～ 2.0。扬州翔龙禽业 10 个品系开产日龄提早 0.3 ～ 4.6 天；40 周龄产蛋数增加 0.7 ～ 3.9 个；40 周龄蛋重增加 0.1 ～ 2.7 克。荣达禽业 4 个品系开产日龄提早 0.7 ～ 4 天；43 周龄产蛋数增加 0.5 ～ 1.9 个；43 周龄蛋重增加 0.2 ～ 0.4 克。

2020 年，雪域白鸡、神丹 6 号绿壳蛋鸡和大午褐蛋鸡 3 个蛋鸡新品种（配套系）通过国家审定。这些品种的大力推广，进一步提升了国产品种商品鸡市场占有率。

（六）肉鸡

2020 年国家肉鸡核心育种场重点品系、配套系生产性能取得明显进展，尤其是广泛使用的矮小型品系、隐性白羽鸡品系等的饲料转化效率、种鸡产蛋数等主要性能均取得显著的遗传进展。

黄羽肉鸡供种能力有提升。黄羽肉鸡的成活率、繁殖性能显著提高，商品代黄羽肉鸡的成活率在 88.5% ～ 97.2%，比 2014 年提高了 1% ～ 2.7%，孵化率 85.5% ～ 95.3%，比 2014 年提高了 2.1%，商品肉鸡出栏体重比 2014 年也有缓慢增加。

白羽肉鸡育种实质性推进。"圣泽 901""广明 2 号"和"沃德 188"3 个快大型白羽肉鸡配套系正在申请新品种审定。这 3 个品种体型大、生长速度快、饲料转化率高，适合生产分割鸡肉，将进一步丰富国内肉鸡市场种类。2020 年国内白羽肉鸡繁育祖代比 2019 年增加 10 万套，占比提升 14 个百分点，我国白羽肉鸡种源依赖引进问题有望解决。

（七）水禽

近年来，我国白羽肉鸭自主品种培育取得重大突破。"Z 型北京鸭""中畜草原白羽肉鸭"和"中新白羽肉鸭"等配套系通过国家审定。这些自主培育品种在料肉比、胸肉率、皮脂率等关键生产性能指标上比引入品种具有明显优势，更符合国内消费需求，打破了外国公司的技术与品种垄断，实现了白羽肉鸭品种的国产化。

中畜草原白羽肉鸭 2020 年度选育工作完成了 6 个品系的继代选育和 4 个品系的抗Ⅲ型鸭肝炎病毒的育种工作，成效显著。抗病品系攻毒后死亡率降至 10%，其他性能指标仍保持稳定。中新白羽肉鸭配套系完成了 6 个品系继代选育工作。各品系进行了屠体性能测定，胸肌率和腿肌率增长明显，达到 30% 左右，而皮脂率均低于 20%，下降趋势明显；4 个母本品系的高峰期产蛋率均达到 93% 以上，受精率达到 93% 以上；商品鸭 40 日龄体重达到 3.0 千克以上，料重比 1.88 ：1，胸腿肉率达到 28%，皮脂率低于 20%。我国肉鸭育种取得了显著进展。

2020 年，我国有 4 家国内育种公司提供大型白羽肉鸭、番鸭、半番鸭祖代肉鸭，是我国肉鸭市场的主要种源提供商。首农集团提供了市场约 60% 的大型白羽肉鸭祖代，内蒙古塞飞亚集团和新希望六和集团提供了市场约 35% 的大型白羽肉鸭。部分地方保种场、小型育种公司提供地方优质肉鸭品种，我国肉鸭种源自给自足。2020 年"温氏白羽番鸭 1 号"和"强英鸭"配套系 2 个肉鸭配套系通过国家审定，获得新品种证书。

蛋鸭是我国特有的家禽种类，养殖量占世界 90% 以上，种源自给自足。国绍Ⅰ号蛋鸭配套系、苏邮Ⅰ号蛋鸭配套系等育成品种持续进行选育提高。我国鹅产业以肉用型鹅为主体，兼有少量的肝用型鹅。我国鹅遗传改良重点关注肉用、繁殖、绒用和肝用性能，同时关注抗病及体型外貌等方面的特异性状。

自 2019 年起，农业农村部种业管理司启动新一轮生猪、奶牛和蛋鸡遗传改良计划的编制工作，同时对肉牛、肉鸡和肉羊遗传改良计划进行修订，该任务具体由全国畜牧总站牵头承担，目前该计划草案已形成了送审稿。新一轮全国畜禽遗传改良计划旨在谋划未来十五年我国主要畜禽遗传改良的目标任务和技术路线，是促进畜禽种业高质量发展的重大行动。

2021 年是"十四五"开局之年，中央经济工作会议和中央农村工作会议对打好种业翻身仗做出了总体部署，为畜禽种业自主创新指明了主攻方向，提供了基本遵循，畜禽种业迎来新的历史机遇。下一步，将推动新一轮全国畜禽遗传改良计划尽快出台实施，为确保种源自主可控，实现畜禽种业振兴提供强有力支撑。

生 猪 篇

一、生猪遗传改良现状

产业发展，良种为先，种猪强则猪业强。20世纪80年代以来，特别是全国生猪遗传改良计划实施以来，我国生猪遗传改良工作稳步推进，种猪性能明显提高，快速提升了瘦肉型猪生产水平，促进了生猪产业的持续稳定发展。尤其是部分国家核心育种场快速发展，少数核心场种猪的性能已经达到了世界领先水平，目前我国种猪基本可以做到自给。

二、育种核心群建设

高效良种繁育体系的基础是建立高性能育种核心群。在全国生猪遗传改良计划的实施与推动下，从2010年起，经过七次遴选和两次核验，共有98家核心育种场和4家种公猪站获得国家生猪核心育种场和国家核心公猪站资格。2020年，农业农村部组织全国生猪遗传改良计划工作领导小组办公室和专家组对5年到期的生猪核心育种场和国家核心公猪站进行了核验。经研究决定，取消9家单位国家生猪核心育种场资格。现有国家生猪核心育种场89家、国家核心种公猪站4家。

2020年底，我国生猪育种核心群存栏规模约13.7万头，杜洛克猪、长白猪和大白猪（以下简称"杜长大"）3个品种母猪比例基本保持在13%、21%和65%（表2-1）。这些核心育种场分布在全国23个省（自治区、直辖市），基本代表了我国猪育种和生产的水平差异，也反映出不同地区的种猪产业发展规模（图2-1、2-2）。图2展示了不同地区所有核心场3个品种存栏母猪的数量，可见在国家生猪产业发展规划的指导下，广西、内蒙古、新疆等地区近些年核心群存栏量增长较快，东北三省、山西和贵州等地区目前依然没有国家核心场。经测算，这些核心群种源至少辐射了150万头母猪的扩繁群以及至少3亿头商品猪。

表 2-1　2010—2020 年全国杜长大核心群（母猪）规模变化情况

年份	核心群基础母猪数量（头）			
	杜洛克猪	长白猪	大白猪	合计
2010	12 492	27 736	55 258	95 486
2011	14 753	33 536	74 997	123 286
2012	18 810	41 139	91 305	151 254
2013	20 954	43 417	101 108	165 479
2014	21 177	44 670	109 255	175 102
2015	18 445	39 639	96 421	154 505
2016	18 838	36 207	94 150	149 195
2017	18 602	35 876	96 919	151 397
2018	15 089	27 407	80 372	122 868
2019	12 386	19 328	63 867	95 581
2020	18 187	29 190	89 816	137 193

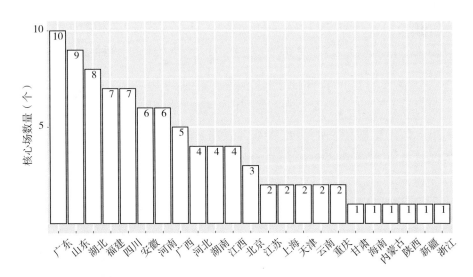

图 2-1　不同省份国家核心育种场数量分布统计图（2020 年）

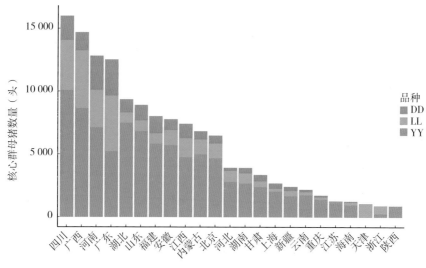

图2-2　不同省份国家核心育种场存栏母猪数量分布统计图（2020年）

注：DD：杜洛克猪，LL：长白猪，YY：大白猪

三、生长与繁殖性能测定

种猪登记和性能测定是现代猪育种的基石，也是生猪遗传改良计划的重要内容。改良计划制定了种猪个体登记规则和主要育种目标性状的测定技术规范，以及对核心育种场数据采集的要求。为保障规范开展性能测定工作，累计举办了28期种猪性能测定员培训班，培训了合格的性能测定和数据管理技术人员1 660人。目前全部核心育种场基本能按照要求开展种猪登记和性能测定，并及时上传给全国种猪遗传评估中心。同时，改良计划实施推进了种猪性能测定中心的建设，目前全国有3个农业农村部种猪性能测定中心（武汉、广州、重庆）、2个通过计量认证且具备承担国家测定任务资质的省级测定中心（河北、山东），此外还有一些尚未通过认证的省级测定中心。在全国范围内建立了以场内测定为主、测定中心为辅的种猪生产性能测定体系。生猪遗传改良计划实施以来，全国种猪登记和性能测定数量逐年增长。截至2020年12月，国家种猪数据库已累计存储1 072.6万头种猪有效登记记录，498.9万头猪的生长性能测定记录，150.4万头母猪的237.2万条繁殖性能记录

（表 2-2），为我国种猪育种提供了重要的数据保障。

表 2-2　国家种猪数据库 2010—2020 年数据量统计

年度	种猪登记数（头）	生长性能测定数（头）	繁殖性能	
			母猪数（头）	记录数（条）
2010	318 706	245 948	95 486	149 637
2011	413 734	337 999	123 286	193 702
2012	503 534	420 020	151 254	241 507
2013	584 459	503 764	165 479	267 331
2014	707 930	552 950	175 102	278 493
2015	799 740	564 990	154 505	247 496
2016	920 092	576 311	149 195	238 175
2017	1 836 027	628 083	151 397	240 292
2018	1 856 974	503 210	122 868	195 110
2019	1 224 048	303 220	95 581	132 473
2020	1 561 072	352 036	119 565	187 781
总计	10 726 316	4 988 531	1 503 718	2 371 997

注：2018 和 2019 年受非洲猪瘟影响，种猪登记和测定量有所减少。

四、生产、繁殖性能测定成绩对比分析

（一）达 100 千克体重日龄和背膘厚表型值进展

生产性能测定是遗传育种工作的基础，测定数据是评定种猪种用价值、遗传潜力的主要依据和信息来源。种猪生产性能测定能为种猪遗传评估提供大量的表型数据，保障种猪遗传评估和选种的准确性，为优秀种猪的大面积推广、加快生猪育种进程发挥重要作用。改良计划将达 100 千克体重日龄和 100 千克活体背膘厚作为主要生产性能指标，将总产仔数、活仔数作为产仔性能指标。近 5 年，杜洛克、长白猪的 100 千克体重日龄分别降低 3.9 天和 1.4 天。100 千克校正背膘厚与 2016 年相比略有下降（表 2-3），其中杜洛克 100 千克校正背膘厚下降 0.11 毫米，长白的 100 千克校正背膘厚保持稳定。长白的 100 千克校正背膘厚高于杜洛克 0.41 毫米。近 10 年（2011—2020 年），国家核心育种场杜长大

的达 100 千克体重日龄和背膘厚（公猪、母猪）均呈现明显的下降趋势（图 2-3、图 2-4），其中三个品种达 100 千克体重日龄平均从 168.38 天下降到 162.26 天，平均下降了 6.12 天；三个品种的背膘厚平均从 11.08 毫米下降到 10.85 毫米，平均下降了 0.23 毫米（图 2-5、图 2-6）。2019—2020 年，背膘厚明显反弹的原因，主要是由于近些年从欧洲引种的比例大幅度增加（欧洲杜长大背膘厚均偏厚），以及育种场在一定程度上降低了对背膘厚的选择权重。

表 2-3 国家生猪核心育种场不同品种生长性能成绩（2016.1—2020.11 结测个体）

年度	杜洛克猪		长白猪		合计	
	100 千克体重日龄（天）	100 千克校正背膘厚（毫米）	100 千克体重日龄（天）	100 千克校正背膘厚（毫米）	100 千克体重日龄（天）	100 千克校正背膘厚（毫米）
2016	165.20	10.70	164.73	11.10	166.89	11.05
2017	164.00	10.51	164.08	10.91	166.72	10.98
2018	164.78	10.47	165.39	10.91	167.24	10.87
2019	164.60	10.52	165.51	10.82	166.85	10.74
2020	161.30	10.59	163.30	11.09	162.91	10.91
平均	163.97	10.56	164.60	10.97	166.12	10.91

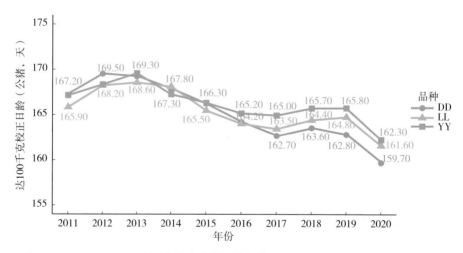

图 2-3 2011—2020 年国家核心育种场杜长大平均达 100 千克校正日龄（公猪）

注：DD：杜洛克猪，LL：长白猪，YY：大白猪

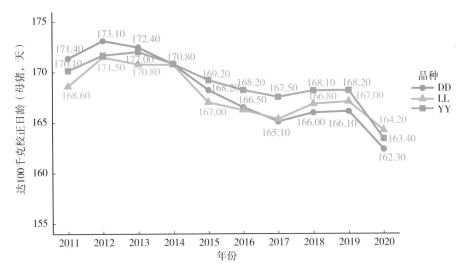

图2-4　2011—2020年国家核心育种场杜长大平均达100千克校正日龄（母猪）

注：DD：杜洛克猪，LL：长白猪，YY：大白猪

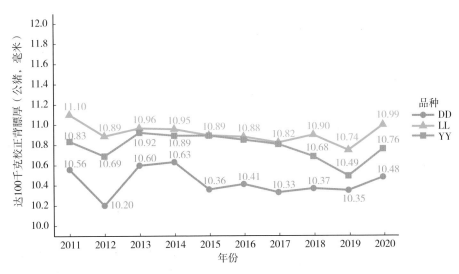

图2-5　2011—2020年国家核心育种场杜长大平均达100千克校正背膘厚（公猪）

注：DD：杜洛克猪，LL：长白猪，YY：大白猪

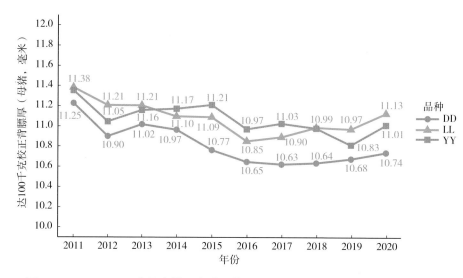

图 2-6　2011—2020 年国家核心育种场杜长大平均达 100 千克校正背膘厚（母猪）

注：DD：杜洛克猪，LL：长白猪，YY：大白猪

（二）平均总产仔数和产活仔数表型值进展

　　繁殖性能方面，近 5 年，核心育种场共记录 261 923 条总产仔数和活仔数，其中大白猪的总产仔数和活仔数最高，杜洛克猪最低（表 2-4）。核心育种场共记录 707 610 条总产仔数，其中长白猪的总产仔数稳定提升，达到 12.43 头，而杜洛克猪的总产仔数有轻微浮动，比 2016 年略有提升，2020 年达到 9.57 头（表 2-5）。近 10 年，国家生猪核心育种场共记录 237.2 万条产仔数据，其中大白猪的平均总产仔数和产活仔数分别从 2011 年的 10.92 头和 10.08 头上升到了 2020 年的 13.18 头和 11.85 头，分别上升了 2.26 头

表 2-4　国家生猪核心育种场不同品种繁殖性能成绩（2016.1—2020.11 分娩个体）

杜洛克猪（头）			长白猪（头）			大白猪（头）		
数量	总仔数	活仔数	数量	总仔数	活仔数	数量	总仔数	活仔数
27571	9.46	8.50	68851	11.43	10.23	165501	11.50	10.48

和 1.77 头；长白猪的平均总产仔数和产活仔数分别从 2011 年的 11.09 头和 10.24 头上升到了 2020 年的 12.64 头和 11.38 头，分别上升了 1.55 头和 1.14 头（图 2-7、图 2-8）。2019—2020 年，由于非洲猪瘟疫情的影响，总产仔数和产活仔数的表型进展有所放缓。

表 2-5 国家生猪核心育种场不同品种不同年份繁殖性能成绩（2016.1—2020.11 分娩个体）

年度	杜洛克（头）		长白（头）		合计（头）	
	数量	总产仔数	数量	总产仔数	数量	总产仔数
2016	26 298	9.53	48 765	11.92	127 487	12.11
2017	26 189	9.58	47 403	12.03	130 726	12.36
2018	21 271	9.56	36 390	12.17	108 312	12.66
2019	24 641	9.64	36 615	12.33	115 658	12.90
2020	20 416	9.57	31 856	12.43	106 612	13.09
合计 / 平均	118 815	9.58	201 029	12.18	588 795	12.63

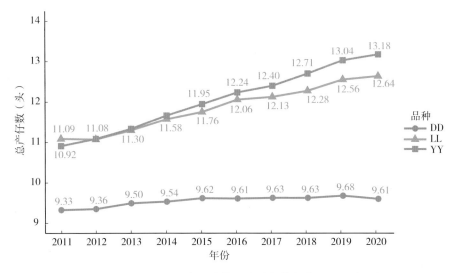

图 2-7　2011—2020 年国家核心育种场杜长大平均总产仔数

注：DD：杜洛克猪，LL：长白猪，YY：大白猪

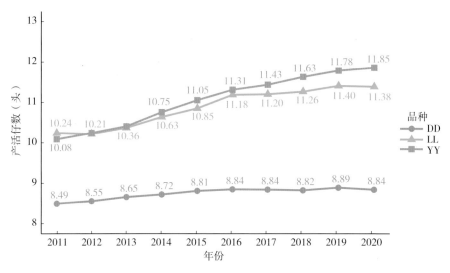

图 2-8　2011—2020 年国家核心育种场杜长大平均产活仔数

注：DD：杜洛克猪，LL：长白猪，YY：大白猪

五、胎龄结构、遗传进展对比分析

（一）胎龄结构的优化

通过实施生猪遗传改良计划，我国建立了庞大的生猪育种群、高质量性能测定体系和科学的遗传评估体系，提高了育种值估计准确性。同时，遗传改良计划也使很多育种人员改变了育种理念，推广了现代育种理论和技术，提高了各场公母猪选择强度，母猪留种率平均达到 15% ～ 20%，公猪留种率 5% 左右。我国育种群种猪胎次结构不断优化，全国核心群杜洛克、长白、大白 3 个品种母猪 4 胎以下比例和 2 岁以下种公猪比例不断提高，分别从 2011 年的平均 71% 和 66% 上升到了 2018 年的 82% 和 82%（图 2-9、图 2-10）。核心群母猪的平均分娩胎龄从 2011 年的平均 3.49 胎下降到 2018 年的 2.88 胎（图 2-11）。2019—2020 年，受非洲猪瘟和新冠疫情双疫情的不利影响，核心群公、母猪胎龄结构明显反弹。

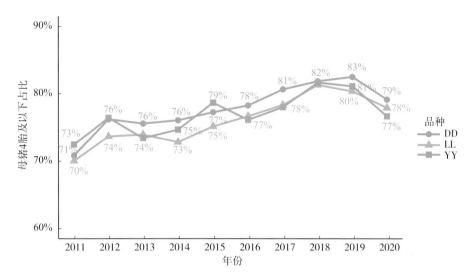

图 2-9　2011—2020 年国家核心育种场杜长大母猪（分娩胎次）4 胎及以下比例

注：DD：杜洛克猪，LL：长白猪，YY：大白猪

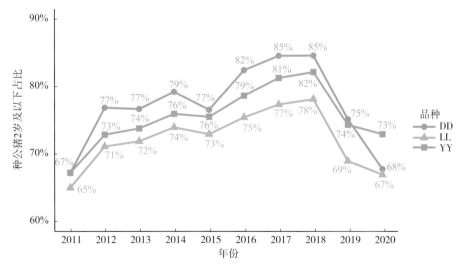

图 2-10　2011—2020 年国家核心育种场杜长大公猪（配种公猪）2 岁及以下比例

注：DD：杜洛克猪，LL：长白猪，YY：大白猪

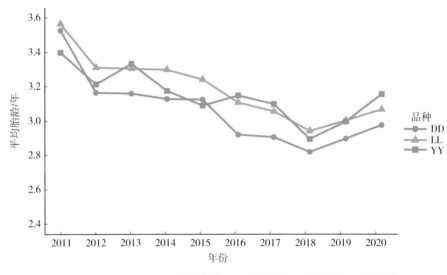

图 2-11 2011—2020 年国家核心育种场杜长大母猪平均产仔胎龄

注：DD：杜洛克猪，LL：长白猪，YY：大白猪

（二）达 100 千克体重日龄、背膘厚和总产仔数估计育种值遗传进展

全国种猪遗传评估中心分析了 2011—2020 年国家核心育种场数据，计算了杜洛克、长白和大白猪 3 个品种 3 个目标经济性状平均每年的遗传进展。结果表明：经过 10 年遗传改良，杜洛克、长白和大白达 100 千克体重日龄估计育种值（EBV）累计减少 3.54 天、2.17 天和 2.64 天（图 2-12）；达 100 千克活体背膘厚估计育种值在杜洛克上呈现明显的下降趋势，估计育种值累计下降了 0.18 毫米，但长白、大白的遗传进展不明显（图 2-13），这与我国当前大白、长白以总产仔数和日龄为重点、杜洛克以日龄和背膘厚为重点的育种方案相吻合；长白和大白总产仔数估计育种值累计分别增加 0.30 头和 0.39 头，杜洛克主要考虑生长速度和瘦肉率，总产仔数估计育种值变化不大（图 2-14）。

我国杜长大三个品种的胎龄结构与遗传进展虽然与世界先进水平相比还存在显著的差距，但胎龄结构和遗传进展均呈现出了良好的改进趋势，种猪遗传潜力的提升同样也有效地提升了种猪的生长及繁殖成绩。在改良计划的指导下，我国生猪育种工作进入了"引种→适应→选育→提高"的良性循环。然而，非洲猪瘟疫情、猪周期等风险因素，均一定程度阻碍了育种群结构的优化和持续的遗传改良。未来，改良计划需进一步加强对国家核心育种场应对突发风险防控能力的管理。

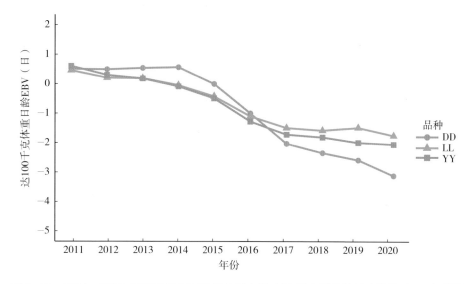

图 2-12　2011—2020 年国家核心育种场杜长大达 100 千克日龄估计育种值（EBV）进展

注：DD：杜洛克猪，LL：长白猪，YY：大白猪

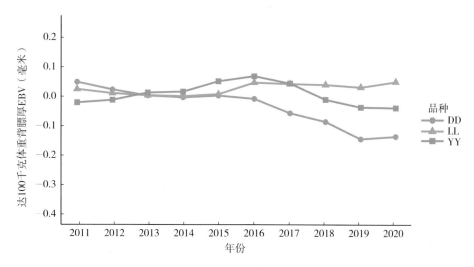

图 2-13　2011—2020 年国家核心育种场杜长大达 100 千克背膘厚估计育种值（EBV）进展

注：DD：杜洛克猪，LL：长白猪，YY：大白猪

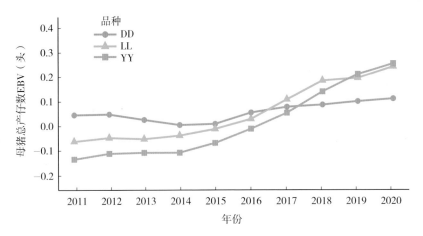

图 2-14　2011—2020 年国家核心育种场杜长大总产仔数估计育种值（EBV）进展

注：DD：杜洛克猪，LL：长白猪，YY：大白猪

六、场间关联率对比分析

实现全国性联合育种进而加快核心群改良速度，是改良计划的重要目标之一。联合育种的核心是跨场联合遗传评估，而进行跨场联合遗传评估的前提是场间有足够的遗传联系。建立场间遗传联系的主要措施是通过种公猪站将优秀公猪精液扩散到多个种猪场，其次是通过育种场间的遗传物质交流。目前，改良计划已遴选了 4 家国家生猪遗传改良计划种公猪站，同时还对核心育种场开展遗传物质交流提出了明确的要求。近些年来，核心育种场间的遗传联系稳步提升，杜长大核心群的场间遗传联系分别由 2014 年的 0.14%、0.18% 和 0.21% 分别提高至 2020 年的 0.39%、0.43% 和 0.72%（图 2-15），分别增长了 1.9 倍、2.4 倍和 4.0 倍。2018 年下半年，非洲猪瘟疫情的爆发，明显减缓了场间关联度的提升。整体而言，我国杜长大三个品种的核心育种场之间的场间关联度依然偏低，绝大部分场之间没有任何遗传关联，因此当前我国尚不具备开展全国性联合遗传评估的条件。

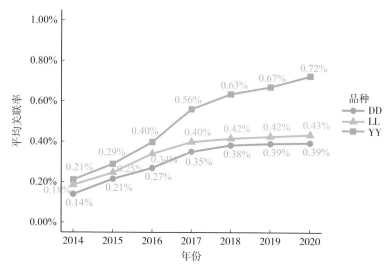

图 2-15　我国杜长大核心育种场 2014—2020 年场间关联率变化趋势

注：DD：杜洛克猪，LL：长白猪，YY：大白猪

从 2017 年起，改良计划共遴选了上海祥欣种公猪站等 4 家国家生猪遗传改良计划种公猪站（核心种公猪站），旨在促进场间遗传交流，提高遗传联系，推动联合育种。截至 2020 年底，4 家核心种公猪站存栏种公猪 5 360 头（其中核心群后代种公猪 2 085 头）。以 4 家核心种公猪站为纽带，用于种质基因共享的核心群种公猪规模达到 2 085 头。随着湖南湘猪科技、广东谷越科技等现代化公猪站的相继投产，目前两家公猪站合计存栏公猪 1 350 头，奠定了未来以省为单位的区域性联合育种模式的基础。当前的 4 家核心种公猪站能够提供安全、优质、稳定的精液，促进了核心场间遗传交流，扩大了场间遗传联系。以上海祥欣和广西良圻两家国家核心育种场为例，它们的杜长大三个品种高关联度场数分别从 2014 年的 4、1、2 家和 5、3、6 家增加到 2020 年的 25、16、65 家和 17、42、57 家。由此可见，公猪站在加强不同场场间关联上发挥着关键性的纽带作用。

在改良计划的指导下，通过国家级种公猪站和核心群的引种交流，我国杜长大核心群场间关联度达到了历史最高水平，虽然目前还无法进行全国性的联合评估，但为我国未来猪联合育种奠定了重要的群体基础。当前，我国种猪核心育种群遗传交流存在的主要问题是，一方面，大部分国家核心育种场与其他场不存在遗传关联，另一方面，长白、杜洛克猪的场间关联度弱，且近些年进展不明显。针对上述问题，下一步应着力加强核心育种场之间优秀种猪基因的交流。

遗传评估中心数据分析表明，这些种公猪站对于增强场间遗传联系发挥了积极重要的作用。但这4家核心种公猪站的覆盖面太小，而且这些公猪站的种公猪主要来源于所依托的核心育种场，很少从其他核心育种场引进种公猪，造成局部性场间遗传联系增加，而对增加全国范围的场间遗传联系作用有限。因此改良计划也应尽快增加核心种公猪站数量，科学布局种公猪站，同时拓宽公猪站的种公猪来源，进一步规范种公猪站的管理，通过核心种公猪站的建设，快速提升核心育种场间的遗传联系。

七、种猪推广和精液产销

（一）种猪生产

我国种猪产业呈现出品种多元化格局。一是地方品种，我国共有地方猪品种83个，地方猪提供的能繁母猪约占母猪总数的5%左右；二是外来的瘦肉型猪种（主要是大白猪、长白猪和杜洛克猪）及一代杂种猪和PIC、光明、深农、华农温氏、京育等多个3系、4系、5系配套系种猪，其中纯种外种母猪约占全国母猪总数的5%，长×大或大×长二元杂种母猪约占全国母猪总数的70%；三是由引进品种和地方品种杂交形成的杂种母猪群，小部分经过持续选育并通过国家畜禽遗传资源委员会审定，如育成13个新品种和13个配套系，但大部分还未经过系统选育，仅作为一般扩繁使用。

2020年，全国拥有各类种猪场3 865余个，种猪年末存栏2 680.8万头，其中种母猪存栏400万头以上，年出场种猪达1 500万头以上。2012—2017年，全国拥有核心群种猪基本不低于15万头。2020年底，我国核心群种猪13.7万头，其中从国外引进原种猪3万头（正常年份每年从国外引种约1万头），核心种源自给率可达90%。2020年底，我国基础母猪饲养量已超过4 100万头，其中优良瘦肉型种猪只占到70%以上，如果按年更新率30%计算，则每年需要父母代种猪近850万头、纯种猪近70万头。伴随我国良种普及率的不断提高，优良瘦肉型种猪的需求量将稳步增加。从理论上看，我国生猪种业年提供种猪数量可基本满足市场需求。

自2018年以来，种猪生产规模因猪周期、非洲猪瘟等多重因素叠加导致能繁母猪存栏量断崖式下跌，供种数量严重不足。根据农业农村部全国监测点数据，2019年末，我国能繁母猪存栏数量约为2 035万头，与2018年7月相比，下降49.33%。在持续高猪价的推动下，大规模复产时种猪供应呈现出多样化，有大量商品代母猪（近30%）应急配种生产商品猪。三元猪作为种猪虽在短期内能提升产能，但其繁殖能力差、使用周期短等缺陷一度成为我国养猪行业产能恢复的阻力，所以市场对优质种猪的需求依然迫切。2020年，随着复产增养进程加快，父母代母猪来自商品代母猪的比例显著下降，来自轮回杂交母猪的比例有所上升，但非洲猪瘟双阴的优质纯种、二元母猪供应仍不足。同时，以牧原食品为代表，采用轮回杂交方式生产父母代母猪的方式成为行业共识，这在一定程度上推进了社会化种公猪站的建设进程。随着国内生猪复产有序进行，种猪需求依然强烈，未来1～2年国内引进种猪数量仍会保持高位。

（二）种猪销售

自2018年末，我国因爆发非洲猪瘟，大量种猪遭到处置，种猪供应量锐减导致可供销售的种猪短缺。种猪短缺加上强劲需求加重市场短缺，最终带动2019年以来种猪价格上涨，平均价格高达3 707元/头，同比上涨55%。2020年，种猪市场供应短缺持续，种猪价格达到创纪录的5 526元/头。其后，随着种猪及商品猪供应逐渐恢复，价格也将恢复至合理区间。2017—2021年我国种猪价格波动趋势图见图2-16。

我国种猪市场规模与商品猪市场密切相关。由于商品猪价格居高不下，生猪养殖企业将有更强烈的需求购买种猪以扩张饲养规模。种猪市场随高昂的猪只价格于2016年达到历史高峰，之后开始下滑。2018年，种猪市场规模因猪周期、非洲猪瘟等多重因素叠加所导致的生猪养殖场倒闭潮经历了大幅衰退。自 2019 年末以来，种猪市场整体缓慢复苏，产值达到 650 亿元。据不完全统计，2020 年我国种猪市场总产值规模接近 1 000 亿元，创下历史新高峰。在此情况下，大型种猪公司将有更多机会争取更大的市场份额。2017—2021 年我国种猪市场总产值规模波动趋势图见图 2-17。

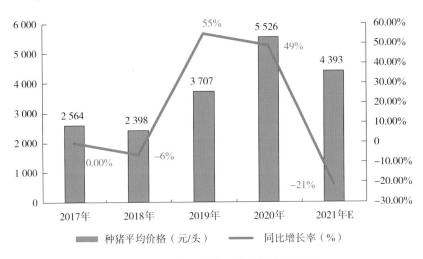

图 2-16　我国种猪平均价格变化趋势

注：数据来源于中国情报网，2021 年 E 为预测值。

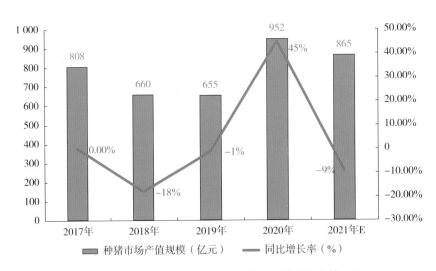

图 2-17　我国种猪市场总产值规模变化趋势

注：数据来源于中国情报网，2021 年 E 为预测值。

（三）种猪精液产销

2020 年，我国拥有种公猪站 862 个，存栏种公猪 124 910 头，年可提供精液超过 3 700 万头份。2020 年以来，牧原、正邦、天邦、天康等大型养猪集团，正逐步在西北、西南等生物安全条件优越的区域布局建设核心种猪场。各大集团均加快了区域性种公猪站的建设，除了谷越科技、湘猪科技等以区域联合育种服务为主的种公猪站外，核心种猪场谋划以猪精业务为主的商业模式成为现实，如扬翔股份 2020 年的猪精业务盈利达到 2 亿元，成为我国首家实现猪精业务盈利的种猪公司。福建傲农在江西、福建、山东等地新建了 5 家区域性种公猪站，规模在 500 ～ 1 000 头不等。集团化养猪企业下的种公猪站布局依托其产业规模设计。下一步，如何规划国家核心种公猪站建设，成为政府主管部门、行业要重点思考的问题。

八、种猪重大或重要疫病净化

非洲猪瘟经过 2018—2019 年疫情暴发和严重流行之后，已常态化，呈现局部区域流行和散发的态势，严重影响我国生猪生产恢复和健康稳定发展。2020 年，我国报告非洲猪瘟疫情 18 起，涉及四川、河南、内蒙古、甘肃、重庆、陕西、江苏和云南等省区。报告疫情中，有 16 起疫情与调运的生猪有关，两起疫情发生于养殖场。由此表明，非洲猪瘟病毒仍在广泛传播，疫情并未消停，生猪养殖场仍然有疫情发生。非自然的非洲猪瘟病毒基因缺失毒株的危害性不容忽视，其传播范围和污染面较大，成为我国非洲猪瘟防控中新的污染源和传染源，对非洲猪瘟的防控和根除带来不利影响。

猪口蹄疫总体平稳，但一些地区呈现局部流行和临床疫情，可能与猪口蹄疫疫苗免疫频次减少和免疫密度下降有关，O/Cathay 和 O/Mya-98 毒株是猪口蹄疫的优势流行毒株。猪繁殖与呼吸综合征（猪蓝耳病）呈平稳态势，以散发性临床疫情为主，无严重疫情发生，类 NADC-30 毒株仍然是主要的流行毒株。猪瘟、猪伪狂犬病和猪流行性腹泻较为平稳，呈散发性临床病例或零星疫情。猪圆环病毒2型（PCV2）以基因型PCV2b、PCV2d为主。副猪嗜血杆菌、猪链球菌是猪场的主要病原菌，以继发性感染以及与其他病原混合感染为主；一些地区猪传染性胸膜肺炎的临床发病有上升趋势。此外，塞内卡病毒感染、猪丁型（δ）冠状病毒感染无严重的临床疾病发生。

疫病是影响养猪生产的一个重要因素，也会极大影响我国生猪遗传改良效果。2018年下半年爆发的非洲猪瘟，使很多核心育种场无法正常开展育种工作，种猪登记和性能测定数量大幅减少，生产水平也有所下降，育种效果停滞不前甚至倒退。目前虽然"生物安全大于一切"已成为行业共识，但在生产实践中，很多猪场仍然过多强调药物的防治，或者把希望寄托于疫苗，而忽略了强化猪场生物安全体系建设。

根据新一轮全国生猪遗传改良计划中关于重大或重要动物疫病控制要求，下一步，国家生猪核心育种场和种公猪站应加强非洲猪瘟、口蹄疫、猪瘟、猪伪狂犬病、猪繁殖与呼吸综合征的监测和净化工作，在全国范围内建立起种猪场有效的生物安全体系，从源头提升种猪健康水平，向社会提供高品质的生猪和猪肉等产品，满足人们对安全、优质、绿色畜产品的需求。

九、新品种、配套系培育与推广

（一）培育配套系特性与推广

湘沙猪配套系：2020年国家审定通过了1个猪配套系——湘沙猪配套系（农01新品种证字第30号）。该配套系由湘潭市家畜育种站主持，联合湖南省畜牧兽医研究所、伟鸿食品股份有限公司、湖南农业大学进行科技攻关，以原产湘潭的沙子岭猪和引进品种巴克夏猪、大约克夏猪为育种素材，采用常规育种和分子育种技术，通过十多年持续选育，育成了生产性能稳定的湘沙猪配套系。湘沙猪配套系商品猪具有体型中等、外貌基本一致、被毛白色、生长速度快、饲料转化率高、肉质好等特点。以湘潭市沙子岭猪原种场、伟鸿原种猪场为选育核心场，湘潭飞龙牧业有限公司种猪场、湘乡市龙兴种猪场和湘潭沙子岭土猪科技开发有限公司种猪场为扩繁场，在湘潭市、雨湖区、湘乡市、韶山市等地建立 50 多个湘沙猪配套系饲养示范基地，形成了年生产配套系商品猪达 25 万头的较为完善的繁育推广体系。同时将湘沙猪配套系远销到了怀化、湘西、常德、株洲、娄底及江西、重庆等地。经示范推广表明，湘沙猪配套系生长速度快，肉质优良，适应性强，繁殖性能表现突出，深受生产者和消费者欢迎。

（二）正在培育中的新品种、配套系

1. 广东小耳花猪新品系培育

以广东壹号食品股份有限公司为依托，在中山大学陈瑶生教授团队的指导下，通过持续对广东小耳花猪进行选育，2020 年核心群总产仔数达到 13.15 头、活仔数 11.78 头，分别比 2019 年提高 0.51 头、0.42 头。同时，新增两个扩繁场，纯繁种猪扩群至 3 000 头，为试验站依托单位年提供后备母猪 1.8 万头，奠定了稳产保供的基础。此外，新培育的黑猪品种历时 10 年初步育成，2020 年扩群至 300 头，体型外貌一致性较好，生产性能中等，肉质优良。2020 年，初产活仔数 10.35 头，瘦肉率 53.32%，肌内脂肪含量 3.99%，同时以其为母本进行了杜黑、巴黑杂交组合试验，后代以全黑为主，28 日龄断奶重 5.91 千克，杂种优势明显。

2. 北京黑猪新品种培育

中国农科院北京畜牧兽医研究所王立贤研究员利用我国地方猪种马身猪、民猪、藏猪以及引进猪种长白猪、大白猪和巴克夏猪，进行国产化新品种培育。完成了杜藏 × 民猪组合及长白猪 × 马身猪和大白猪 × 民猪两对中外猪种杂交组合组建。杜藏 × 民猪组合使用 8 个血统杜藏猪与 32 头民猪进行杂交，长白猪 × 马身猪和大白猪 × 民猪组合使用 10 头巴克夏分别和 19 头大民、15 头民大及 16 头长马二元杂交母猪进行三元杂交，共获得 595 头三元杂交后代。目前，三元杂交后代已进行至第 2 个世代，出生 552 窝，已对 412 窝进行测定。

3. 苏紫猪新品种培育

江苏省农科院牵头选育的优质黑猪——苏紫猪进入第 7 世代选育，并

申请了"苏紫猪"商标。其生产性能指标如下：初产母猪产仔数 10.9 头，30～100 千克阶段日增重 670 克，30～100 千克阶段料重比 3.1：1；达 100 千克体重日龄为 193 天，100 千克屠宰时瘦肉率 53%，大理石纹明显，无白肌肉（PSE）和黑干肉（DFD）。前期经产母猪产仔数 13.5 头，选育群有 300 头基础母猪。新建扩繁场 1 家即扬州市众诚生态农业有限公司，并签约苏紫猪扩繁场两家。同时，该团队还持续开展苏晶猪选育，完成第 4 世代选育，选育群规模为 150 头母猪，产仔数 12.2 头，日增重 500 克，料重比 3.4：1，瘦肉率 50% 左右，肌内脂肪含量 3.6%。

4. 成华猪新品种（天府黑猪）培育

以成华猪和巴克夏猪为育种素材培育的天府黑猪已选育至第 4 世代。该新品种具有较好的综合生产性能（总产仔数 11.5 头 / 窝、达 100 千克体重日龄 200 天、瘦肉率 50%、肌内脂肪含量 3%）。目前，核心群规模达 1 100 头（含 25 个公猪血统），已进入中试推广阶段。同时，鉴定出影响天府黑猪黑毛性状的关键基因及突变位点。2020 年开展了第 4 世代 300 头初选公猪的基因型检测，实现了全群黑毛性状固定，花猪比例低于 1%。基于转录组高通量测序和细胞及活体功能实验，鉴定出调控成华猪皮厚性状的生物学通路（circ0044633–miR–23b–MAP4K4/CADM3）。

5. 民猪配套系培育

刘娣团队以民猪为主要素材，以肉质性状为主要选择方向，兼顾毛色、抗逆性、繁殖性状、生长性状和瘦肉率，继续开展民猪配套系的选种选育工作，围绕三个专门化品系（松辽黑猪专门化品系、巴克夏猪专门化品系为父系，民猪专门化品系为母系）进行建设，为配套系培育奠定了基础。

十、种猪遗传评估系统平台建设

2020 年，全国畜牧总站依托中国农业大学刘剑锋团队技术支持，成功研发了"全国种猪基因组遗传评估系统"（以下简称"基因组系统"），首次创建了全国性的基因组选择计算服务平台（图 2-18），为全国的生猪育种场自主应用基因组选择技术（GS）提供了便捷、可操作的渠道。该基因组系统兼容了全国种猪遗传评估中心前期应用的种猪常规遗传评估平台，实现了常规平台数据到新基因组系统的自动导入，育种企业可方便、自主地进行基因型数据上传，系统自动进行基因型质控和填充等计算，并提供用户可自主选择的模型和算法，使育种企业能够直接应用 GS 技术。基因组系统的研发，实现了单个场和多个场种猪 GS 评估，解决了当前大部分生猪育种企业无法应用 GS 技术的关键性技术难题，大幅提升了全国种猪遗传评估中心对全国育种场的技术服务功能，显著提升了我国育种企业自主、创新育种的技术水平和硬件条件。

图 2-18 全国种猪基因组选择遗传评估系统网站首页

基因组系统已于 2020 年上线，深受育种企业欢迎，企业积极上传基因型数据，目前已有 31 家育种企业累计上传基因型数据 38 886 条，超过 10 家育种场应用本系统进行基因组选择评估，累计完成评估种猪约 136 万头。该基因组系统的上线，成功构建了我国最大的基因组选择参考群，为未来进行全国联合基因组选择育种提供了重要的数据和技术支撑，为我国生猪育种企业自主、创新育种搭建了重要的技术平台。

在生猪种业科技方面，我国育种专家自主研发了猪基因组选择新算法与评估软件等一系列前沿育种技术，新技术性能水平达到了国际先进水平，加快了基因组选择等新技术在我国生猪育种中的应用。随着新一期《全国生猪遗传改良计划（2021—2035 年）》的制定发布，在国家种业振兴行动的支持下，我国生猪种业必然会迈上一个全新的台阶。

奶 牛 篇

一、奶牛遗传改良现状

自 2008 年《中国奶牛群体遗传改良计划（2008—2020 年）》发布实施以来，我国奶牛遗传改良工作稳步推进，种公牛培育进程明显加快，以中国荷斯坦牛为主的奶牛单产水平不断提高，原料奶质量安全水平也显著提升，奶牛养殖效益不断增加，促进了奶业持续快速发展。

（一）国家奶牛核心育种场建设

根据农业农村部《关于开展国家奶牛核心育种场遴选工作的通知》，2018 年全国畜牧总站组织开展了全国奶牛核心育种场的遴选，经申请、审核、验收、评估等环节，10 家奶牛场通过遴选成为国家奶牛核心育种场（表 3-1）。2020 年 10 个国家核心育种场共存栏奶牛 4.83 万头（塔城地区种牛场仅饲养新疆褐牛），其中核心群母牛 1.55 万头，核心群平均单产达13.2 吨，平均乳脂率 4.21%，乳蛋白率 3.40%，体细胞数 15.80 万个 / 毫升。国家核心育种场为种公牛站等育种企业年输出自主培育后备公牛 308 头，保障了我国奶牛种源供给能力，提高了我国奶牛种质自主培育能力。

表 3-1　10 个国家奶牛核心育种场基本情况

序号	单位名称	所在省份
1	北京首农畜牧发展有限公司奶牛中心良种场	北京市
2	石家庄天泉良种奶牛有限公司	河北省
3	内蒙古犇腾牧业有限公司第十二牧场	内蒙古自治区

（续）

序号	单位名称	所在省份
4	大连金弘基种畜有限公司丛家牛场	辽宁省
5	光明牧业有限公司金山种奶牛场	上海市
6	东营神州澳亚现代牧场有限公司	山东省
7	河南花花牛畜牧科技有限公司	河南省
8	贺兰中地生态牧场有限公司	宁夏回族自治区
9	塔城地区种牛场（新疆褐牛）	新疆维吾尔自治区
10	新疆天山畜牧生物工程股份有限公司良种繁育场	新疆维吾尔自治区

（二）种公牛站建设

2015 年之前，中国荷斯坦种公牛存栏稳定在 1 800 头左右，采精牛接近 1 400 头，冻精供大于求。随着奶牛良种补贴项目取消，奶牛种业市场化水平进一步提高。为顺应市场发展需要，种公牛站通过适度减少种公牛存栏数量，提高种源品质，以降低生产成本，提高企业市场竞争力。与此同时，国产奶牛冻精整体遗传质量逐年提高。

2020 年我国共有 36 个种公牛站，采精种公牛奶牛存栏 461 头、采精种公牛兼用牛存栏 673 头、采精种公牛肉牛存栏 1 452 头，合计存栏 2 586 头。2020 年实际生产奶牛冻精 435.3 万剂，兼用牛冻精 975.9 万剂，肉牛冻精 2 614.2 万剂，合计 4 025.4 万剂。奶牛的供种能力主要取决于种公牛的质量和冻精产品生产量，从长远发展角度看，提升自主培育种公牛能力是奶牛种业发展的关键。

二、品种登记

奶牛品种登记是由专门的机构或牧场依据系谱资料将符合品种标准的奶牛记录在册或录入特定的计算机数据管理系统的工作。它是开展奶牛生产性能测定、体型鉴定、育种及品种改良的一项基础性工作。中国奶业协会奶牛数据中心是我国唯一的国家级品种登记机构，目前登记在库的乳用品种主要包括中国荷斯坦牛、娟姗牛、新疆褐牛、三河牛和奶水牛。

（一）中国荷斯坦牛

中国荷斯坦牛是我国培育的第一个乳用型牛专用品种，也是我国奶牛的主导品种，目前，我国饲养的近 1 043.3 万头奶牛中，80% 以上属于该品种。在全国各地基本上都有分布，其中存栏较多的是新疆、内蒙古、河北、黑龙江、山东、河南、陕西和宁夏等省区。截至 2020 年底，中国荷斯坦牛品种登记总量达到 195.4 万头，登记范围覆盖 23 个省、自治区、直辖市。中国荷斯坦牛品种登记数量年度分布见图 3-1。

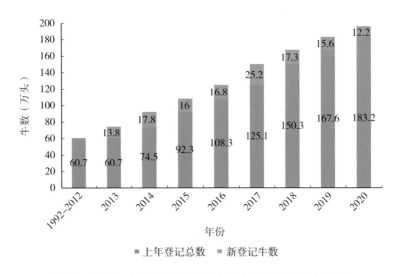

图 3-1 1992—2020 年中国荷斯坦牛品种登记数量年度分布

（二）娟姗牛

娟姗牛体型轻小，是高乳脂率乳用型奶牛品种。目前我国娟姗牛以引入为主，主要分布在辽宁、北京、广东、山东、陕西、黑龙江、湖南、四川、河北等地区。截至 2020 年底，中国奶牛品种登记数据库中娟姗牛品种登记总量达到了 4.2 万余头。其中辽宁地区登记数达到 10 492 头，北京和山东地区登记数均超过了 5 000 头。

三、生产性能测定

奶牛生产性能测定作为奶牛群体遗传改良工作中一项非常重要的基础性工作，直接影响群体遗传改良进展的总体水平。在牛群中实施准确、规范、系统的个体生产性能测定，获得完整、可靠的生产性能记录，以及与生产效率有关的繁殖、疾病、管理、环境等各项记录，对于建立我国奶牛核心育种群，自主培育种公牛工作具有重要意义。

2020年，全国开展奶牛生产性能测定工作的实验室有39家，分布在24个省（自治区、直辖市）（表3-2）。全国参测奶牛129.5万头，参测牛平均305天产奶量较上年增加239千克，测定日平均体细胞数23.9万个/毫升，平均乳脂率3.92%，平均乳蛋白率3.36%，为奶业振兴增产、提质增效和节本增效发挥了重要作用。

表3-2　2020年各地开展DHI工作的实验室

所在地区	编号	奶牛生产性能测定实验室名称
北京	1101	北京奶牛中心奶牛生产性能测定实验室
天津	1201	天津市奶牛发展中心
河北	1301	河北省畜牧业协会奶牛生产性能测定中心
	1302	石家庄市奶牛生产性能测定中心（乐康牧医河北科技有限公司）
山西省	1401	山西省畜牧遗传育种中心（山西省奶牛生产性能测定管理站）
内蒙古	1501	内蒙古西部良种奶牛繁育中心
	1502	内蒙古优然牧业有限责任公司DHI实验室
	1503	内蒙古赛科星家畜种业与繁育生物技术研究院有限公司DHI测定中心
	1505	内蒙古富牧科技有限公司DHI检测中心
辽宁	2101	沈阳乳业有限责任公司奶牛生产性能测定中心
	2102	辽宁省畜牧业发展中心DHI中心
吉林	2201	白城市畜牧总站DHI测定中心
黑龙江	2301	黑龙江省奶业协会
	2302	大庆市萨尔图区新科畜牧技术服务中心
	2303	黑龙江省农垦科学院畜牧兽医研究所DHI中心

（续）

所在地区	编号	奶牛生产性能测定实验室名称
上海	3101	上海奶牛育种中心有限公司
江苏	3201	南京卫岗乳业检测中心
	3202	江苏省奶牛生产性能测定中心
安徽	3401	安徽省畜禽遗传资源保护中心 DHI 实验室
山东	3701	山东奥克斯畜牧种业有限公司
	3702	山东华田牧业科技有限责任公司
河南	4101	河南省奶牛生产性能测定有限公司
	4102	洛阳市奶牛生产性能测定服务中心
湖北	4201	湖北省畜禽育种中心
湖南	4301	湖南省 DHI 中心
广东	4401	广州市奶牛研究所有限公司奶牛生产性能检测中心
	4402	广东省种畜禽质量检测中心
	4403	广东燕塘乳业股份有限公司 DHI 实验室
广西	4501	广西壮族自治区畜禽品种改良站广西奶牛 DHI 检测中心
四川	5101	新希望生态牧业有限公司 DHI 测定中心
	5102	四川省畜牧总站
云南	5301	昆明市奶牛生产性能测定中心
重庆	5501	重庆天友 DHI 中心
陕西	6101	陕西省奶牛 DHI 中心
甘肃	6201	甘肃农垦天牧乳业有限公司 DHI 实验室
	6202	中国农业科学院兰州畜牧与兽药研究所奶牛生产性能测定实验室
宁夏	6401	宁夏奶牛生产性能（DHI）测定中心
新疆	6501	新疆维吾尔自治区乳品质量监测中心
	6502	新疆兵团第八师畜牧兽医工作站

（一）生产性能育种数据积累（1995—2007 年）

我国从 1992 年开始奶牛生产性能测定（DHI）工作。1992—2007 年，中国荷斯坦牛参测牛数逐年增加，2007 年底全国累计参测 373 个牛场 15.6 万头牛，测定记录达 204 万条。其中，可用于遗传评估的测定奶牛数量达到了

8.2 万头，分布在 299 个奶牛群体中，生产性能育种数据量达到 93.5 万条。

(二)生产性能育种数据积累（2008—2020 年）

2008 年 4 月，《中国奶牛群体遗传改良计划（2008—2020 年）》发布实施。同年中央财政设立专项资金支持推广奶牛生产性能测定，奶牛参测数量快速增长。2020 年，全国开展奶牛生产性能测定工作的 39 家实验室，分布在 24 个省（自治区、直辖市），测定范围覆盖全国。截至 2020 年底，全国累计参测 3 438 个牛场 428.5 万头奶牛，收集测定记录 5 724.9 万条。其中，可用于遗传评估的 DHI 测定奶牛数量达到 98.0 万头，来自 4 019 个公牛家系，测定记录达 1 120 万条，分布在 2 725 个奶牛场；体型鉴定奶牛数量达到 18.0 万头，来自 2 867 个公牛家系，分布在 1 285 个奶牛场（表 3-3）。与 2007 年相比，提供育种基础数据的奶牛数量大幅度提高。

表 3-3　2008—2020 年全国奶牛育种基础数据量

年度	性能公牛数（头）	女儿场分布场数（个）	女儿数（头）	测定记录数（条）	体型公牛数（头）	女儿分布场数（个）	女儿数（头）
2008	813	518	83 328	915 856	373	136	25 126
2009	1 171	773	126 000	1 253 418	502	159	29 270
2010	1 411	972	177 168	1 741 918	748	279	35 607
2011	1 628	1 134	232 290	2 371 455	962	478	48 947
2012	1 859	1 252	276 133	2 962 247	1 143	538	59 430
2013	2 162	1 358	310 043	3 411 275	1 372	566	68 206
2014	2 491	1 583	413 993	4 287 138	1 565	615	81 222
2015	2 762	1 839	500 427	5 423 798	1 775	848	99 058
2016	3 114	2 203	617 999	6 713 577	2 042	936	115 339
2017	3 437	2 382	735 652	8 128 172	2 315	998	129 338
2018	3 628	2 527	819 470	9 227 939	2 512	1 082	143 829
2019	3 921	2 652	929 384	10 452 213	2 791	1 243	166 361
2020	4 019	2 725	979 834	11 199 522	2 867	1 285	179 951

注：评估时间为 2020 年 11 月。

（三）2020 年生产性能育种数据概况

1. 参测数量

2020 年全国奶牛生产性能测定工作稳步推进，共有 39 个测定中心开展测定工作。据中国奶牛数据中心统计，全年共有 1 291 个奶牛场的 129.5 万头奶牛进行生产性能测定，测定记录达 681.5 万条。参测泌乳牛数量比 2019 年增加 1.9%，场平均泌乳牛规模达到 1 003 头，同比增加 7.1%。

2. 不同产区奶牛的生产性能测定

奶业主产省区（河北、山西、内蒙古、辽宁、黑龙江、山东、河南、陕西、宁夏、新疆）2020 年参测牛数达 102.98 万头，占全国总参测量的 79.5%。

根据奶牛养殖地域的不同，全国划分为东北和内蒙古产区（黑龙江、吉林、辽宁、内蒙古）、华北产区（河北、河南、山东、山西）、西北产区（陕西、甘肃、青海、宁夏、新疆、西藏）、南方产区（湖北、湖南、江苏、浙江、福建、安徽、江西、广东、广西、海南、云南、贵州、四川）和大城市周边产区（北京、天津、上海、重庆）。五个区域中，2020 年华北产区的参测泌乳牛达到 58.1 万头，占全国参测牛数的 44.8%，位居第一。

大城市周边产区的测定日平均产奶量最高，达到 34.3 千克；东北和内蒙古产区测定日平均乳脂率和乳蛋白率最高，分别达到 3.98% 和 3.41%；西北产区的测定日平均体细胞控制水平最佳，低至 21.8 万个 / 毫升。

3. 不同养殖规模的奶牛场的生产性能测定

奶牛场的不同养殖规模从一定程度上反映了其管理水平和综合生产水平。从参测场泌乳牛群规模分析，在全部参测场中，2020 年泌乳牛群规模为 200～499 头（全群存栏约 400～1 000 头）的参测场，占总参测场数的 32.7%，其参测泌乳牛数占总参测牛数的 11.0%，排名第四；泌乳牛群规模大于 3 000 头（全群存栏约 6 000 头以上）的参测场占 6.6%，参测泌乳牛数占总参测牛数的 35.0%，位居第一。

泌乳牛规模大于 3 000 头的奶牛场测定日平均产奶量最高，达到 34.2 千克，测定日平均乳蛋白率最高，达到 3.39%，测定日平均体细胞数控制最好，保持在 21.2 万个 / 毫升；泌乳规模在 1 000 头至 2 999 头的奶牛场测定日平均乳脂率最高，达到 3.97%；泌乳牛规模大于 500 头的奶牛场平均头日单产均高于 31 千克，平均体细胞数达到 27.0 万个 / 毫升以下，控制在较低水平。

四、生产性能表型值

（一）产奶性能表型值（1995—2020 年）

随着奶牛养殖规模化的发展，奶牛饲养水平逐步提高，单产稳步增加。通过对参加全国遗传评估的奶牛生产性能测定数据进行统计分析，从 1995 年到 2020 年，贡献育种数据的中国荷斯坦泌乳牛平均日产奶量由 21.8 千克增加到 32.2 千克，平均 305 天产奶量由 6.3 吨增加到 9.8 吨，提高了 3.5 吨，胎次乳脂量和乳蛋白量也均有不同程度提高，体细胞数下降将近 49%（图 3-2 至图 3-4）。

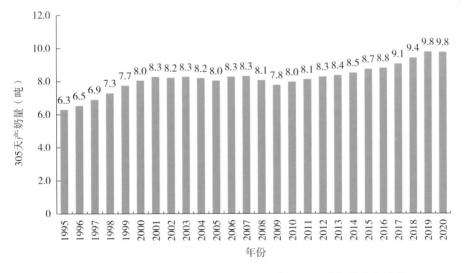

图 3-2　1995—2020 年参测中国荷斯坦牛 305 天产奶量变化趋势

（二）测定日平均产奶量与体细胞数

2020 年参测奶牛测定日平均产奶量达到 32.4 千克，同比增加 3.85%，较 2016 年增加 15.3%；测定日平均体细胞数为 23.9 万个 / 毫升，同比减少

0.3 万个 / 毫升，较 2016 年减少 5.7 万个 / 毫升（图 3-3）。

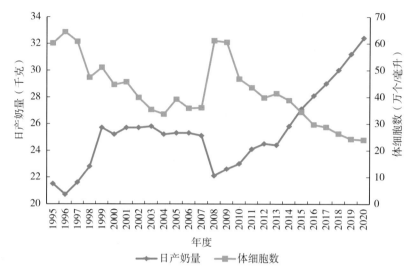

图 3-3　1995—2020 年中国荷斯坦牛平均测定日产奶量及体细胞变化趋势

（三）测定日平均乳脂率与乳蛋白率

2020 年参测奶牛测定日平均乳脂率为 3.92%，同比下降 1.0%；平均乳蛋白率为 3.36%，同比上升 0.6%。较 2016 年相比，平均每 100 千克生鲜乳的乳脂肪含量增加 0.09 千克，乳蛋白含量增加 0.06 千克（图 3-4）。

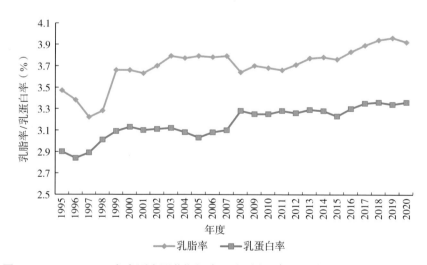

图 3-4　1995—2020 年参测中国荷斯坦牛平均测定日奶乳脂率、乳蛋白率变化趋势

（四）体型鉴定

体型鉴定即对奶牛体型进行数量化评定。针对每个体型性状，按生物学特征的变异范围，定出性状的最大值和最小值，然后以线性的尺度进行评分。奶牛体型鉴定工作主要是出中国奶业协会认证的中国奶牛体型鉴定员依据《中国荷斯坦牛体型鉴定技术规程》（GB/T 35568—2017）国家标准开展。截至 2020 年底，全国共有 54 名持证上岗的中国奶牛体型鉴定员，分布在北京、内蒙古等 10 个省份，在全国范围内开展奶牛体型鉴定工作，年平均鉴定奶牛 4 万余头。

据中国奶牛数据库中体型记录统计，截至 2020 年底，参加中国奶牛体型鉴定的牛场有 1 485 个，累计鉴定奶牛 45 万头（图 3-5）。全国开展中国奶牛体型外貌鉴定的省（自治区、直辖市）共有 28 个，其中累计鉴定数量超过 1 万头的省份有 11 个，北京市和内蒙古自治区累计鉴定奶牛均超过了 7 万头。

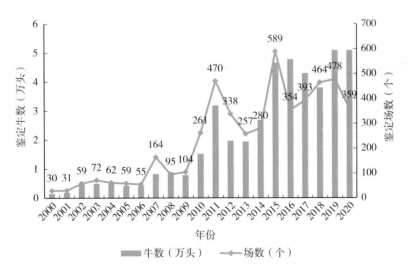

图 3-5　2000—2020 年中国荷斯坦牛体型鉴定场数和鉴定头数

通过对近十年出生的奶牛体型鉴定记录进行分析，得出奶牛体躯容量、尻部、肢蹄、泌乳系统、乳用特征和体型总分分别是 88.4、80.76、84.05、81.75 和 83.54 分。

五、遗传评估与后裔测定

（一）常规遗传评估

常态化开展常规遗传评估工作，分别利用多性状随机回归测定日模型（Test-day Model）、多性状动物模型（Animal Model）计算产奶性状、体细胞评分和体型性状的个体育种值。全国共有 19 个种公牛站的 1 715 头荷斯坦种公牛参与了乳用种公牛遗传评估，其中荷斯坦牛 1 670 头、娟姗牛 45 头。表型数据来自全国 2 807 个奶牛场 185.94 万头母牛的 2 093.48 万条产奶性能数据和 1 319 个奶牛场 27.63 万头一胎母牛的体型鉴定数据。2020 年 8 月 7 日，农业农村部种业管理司、全国畜牧总站发布了《2020 年中国乳用种公牛遗传评估结果》。

2020 年，中国荷斯坦牛的遗传评估首次使用了新版性能指数（CPI）。新版指数对性状和权重进行了优化（图 3-6），其中生产性状由原来的泌乳量、乳蛋白率、乳脂率 3 个，合并为乳蛋白量、乳脂量 2 个。将"量"与"率"辩证地统一，与国际接轨，更强调乳品质的改良；新版指数的各类性状加权值分别为：生产性状 60%、体型性状 30%、体细胞评分性状 10%。在重视产奶性状改良的同时，加强对生产效益具有重要影响的体型性状的选育。分辨系数由 20 改为 4，后面加上群体均值常数项 1800，保证了指数值的稳定性。

$$CPI_{2020} = 4 \times \begin{bmatrix} 35 \times \dfrac{Prot}{20.7} + 25 \times \dfrac{Fat}{24.6} - 10 \times \dfrac{SCS-3}{0.16} \\ +8 \times \dfrac{Type}{5} + 14 \times \dfrac{MS}{5} + 8 \times \dfrac{FL}{5} \end{bmatrix} + 1800$$

图 3-6 2020 年新修订的中国奶牛性能指数（CPI）公式

其中，Prot：乳蛋白量 EBV；Fat：乳脂量 EBV；Type：体型总分 EBV；MS：泌乳系统 EBV；FL：肢蹄 EBV；SCS：体细胞评分 EBV。

（二）基因组遗传评估

进入 21 世纪以来，基于基因组高密度标记信息的基因组选择技术

（GS）成为动物育种领域的研究热点。利用该技术，可实现青年公牛早期准确选择，大幅度缩短世代间隔，加快群体遗传进展，并显著降低育种成本。2009 年开始，欧美主要发达国家就将 GS 技术全面应用于奶牛育种中。在农业农村部支持下，2008 年中国农业大学张沅、张勤教授带领奶牛育种团队承担了我国奶牛基因组选择技术平台的研发。2012 年 1 月 13 日，"中国荷斯坦牛基因组选择技术平台的建立"通过教育部科技成果鉴定，被农业农村部指定为我国荷斯坦公牛遗传评估的唯一方法并开始在全国推广应用，实现了青年公牛基因组检测全覆盖。截至 2020 年 12 月，基于中国荷斯坦牛基因组选择参考群体，累计对全国 28 个公牛站的 3 497 头荷斯坦青年公牛进行了基因组遗传评估。每个育种目标性状的个体直接基因组育种值基于 150K 全基因组 SNP 基因型数据，采用 GBLUP 方法，通过 DMU 软件计算，系谱指数由 CDN 网站下载（2020 年 8 月），个体直接基因组育种值与系谱指数加权得到每个性状的基因组育种值。2020 年，中国奶牛基因组性能指数（GCPI）的性状与权重又进行了调整，与 CPI 一致，新版 GCPI 公式如图 3-7 所示。

$$GCPI_{2020} = 4 \times \left[\begin{array}{c} 35 \times \dfrac{GEBV_{Prot}}{17.0} + 25 \times \dfrac{GEBV_{Fat}}{22.0} - 10 \times \dfrac{GEBV_{SCS} - 3}{0.46} \\ + 8 \times \dfrac{GEBV_{Type}}{5} + 14 \times \dfrac{GEBV_{MS}}{5} + 8 \times \dfrac{GEBV_{F\&L}}{5} \end{array} \right] + 1800$$

图 3-7　2020 年新修订的中国奶牛基因组性能指数（GCPI）公式

2020 年，为完善中国荷斯坦牛基因组选择技术平台，进一步提高我国荷斯坦牛基因组选择的可靠性，农业农村部启动了奶牛基因组参考群体建设项目，由中国农业大学、中国奶业协会、北京奶牛中心、上海奶牛育种中心有限公司、山东奥克斯畜牧种业有限公司、内蒙古赛科星家畜种业与繁育生物技术研究院有限公司和河南省鼎元种牛育种有限公司承担，北京联育肉牛育种科技有限公司、河南省奶牛生产性能测定中心分别组织了参考群新增牛只的系谱、DHI 和体型鉴定数据的第三方核查工作。共计新增 6 300 余头，我国奶牛基因组选择参考群体规模达到 1.4 万头。

（三）后裔测定（含后测联盟）

中国北方荷斯坦牛育种联盟（以下简称"北方联盟"）和中国奶牛后裔测定香山联盟（以下简称"香山联盟"）于2010年和2013年相继成立（表3-4）。依托北方联盟和香山联盟，全面开展荷斯坦青年公牛后裔测定工作，联盟以理事会、工作组协调会、数据互查等多种形式有效推进青年公牛后裔测定工作。2020年，共计新增参测青年荷斯坦公牛126头，在20多个省（自治区、直辖市）的300多个牧场发放冻精76 779剂。据不完全统计，收集后裔测定配种记录22 971条、妊检记录16 653条、产犊记录8 928条、新出生女儿牛6 309头，体型鉴定头胎母牛10万多头，有力助推了我国乳用公牛自主培育工作。

表3-4　后测联盟组织概况

联盟名称（成立时间）	现有联盟成员
北方联盟 2010年1月17日	河北省畜牧良种工作总站
	河南省鼎元种牛育种有限公司
	山西省畜牧遗传育种中心
	山东奥克斯畜牧种业有限公司
	内蒙古赛科星繁育生物技术（集团）股份有限公司
香山联盟 2013年8月18日	北京奶牛中心
	上海奶牛育种中心有限公司
	天津市奶牛发展中心
	内蒙古天和荷斯坦牧业有限公司
	新疆天山畜牧生物工程股份有限公司

（四）种奶牛遗传进展分析

1. 公牛基因组遗传评估遗传进展

截至2020年12月，基于中国荷斯坦牛基因组选择参考群体，累计对3 497头荷斯坦青年公牛进行了基因组遗传评估。根据公牛的GCPI及每个性状的基因组育种值（GEBV），按照公牛出生年度分组并计算均值，可以看出公牛的基因组性能指数、乳脂量、乳蛋白量、体型总分、泌乳系统、肢蹄、体细胞评分均取得了遗传进展，结果见图3-8至图3-14。

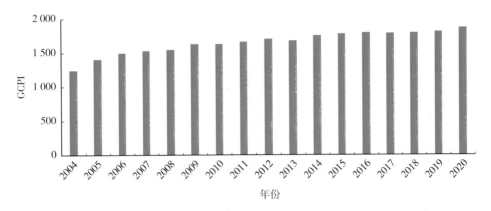

图 3-8　2004—2020 年度出生荷斯坦公牛基因组性能指数（GCPI）

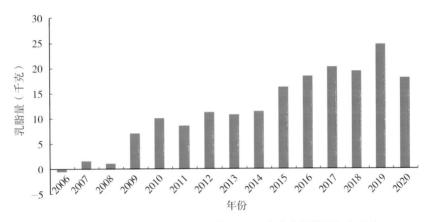

图 3-9　2006—2020 年度出生荷斯坦公牛乳脂量基因组育种值

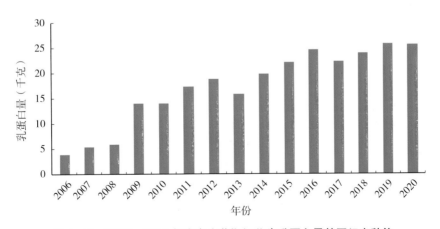

图 3-10　2006—2020 年度出生荷斯坦公牛乳蛋白量基因组育种值

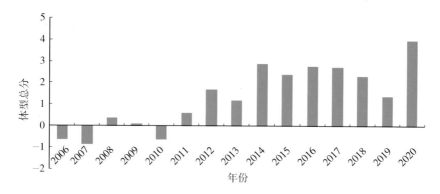

图 3-11　2006—2020 年度出生荷斯坦公牛体型总分基因组育种值

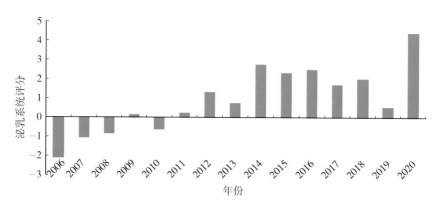

图 3-12　2006—2020 年度出生荷斯坦公牛泌乳系统评分基因组育种值

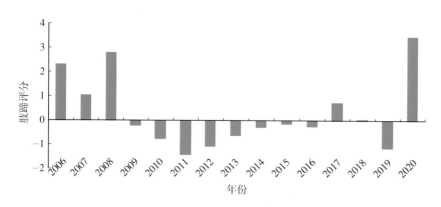

图 3-13　2006—2020 年度出生荷斯坦公牛肢蹄基因组育种值

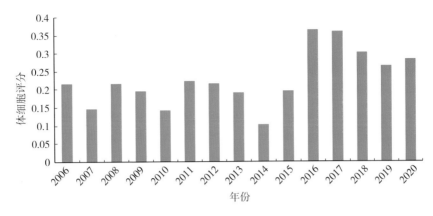

图 3-14　2006—2020 年度出生荷斯坦公牛体细胞评分基因组育种值

2. 公牛各性状常规遗传评估遗传进展

根据 2020 年 12 月全国荷斯坦牛常规遗传评估育种值结果统计，可以看出中国荷斯坦牛群体在产奶量、乳脂量、乳蛋白量等关键性状上均取得显著遗传进展，体细胞评分进展不明显，总体来说公牛的进展速度略快于母牛，生产性状比体型性状遗传进展更明显。《中国奶牛群体遗传改良计划（2008—2020 年）》的实施，进一步促进了我国奶牛自主育种体系的建设，加快了各性状的遗传改良进展速度。

从 2001—2016 年，中国荷斯坦牛公牛群体的产奶量每年平均进展 52.36 千克、乳脂量 2.43 千克、乳蛋白量 2.07 千克。

2001—2008 年，中国荷斯坦牛公牛群体产奶量年均进展 51.43 千克，乳脂量年均进展 2.14 千克，乳蛋白量年均进展 1.86 千克。2008—2016 年，中国荷斯坦牛公牛群体产奶量年均进展 53.29 千克，乳脂量年均进展 2.71 千克，乳蛋白量年均进展 2.29 千克，明显快于 2008 年之前（表 3-5）。

表 3-5　2001—2016 年出生的中国荷斯坦种公牛不同性状年均遗传进展情况

出生年份	产奶量（千克）	乳脂量（千克）	乳蛋白量（千克）
2001—2016	52.36	2.43	2.07
2001—2008	51.43	2.14	1.86
2008—2016	53.29	2.71	2.29

3. 母牛各性状群体遗传进展（常规遗传评估）

2001—2016 年出生的中国荷斯坦牛母牛群体在产奶量、乳脂量和乳蛋白量上的遗传进展变化明显，产奶量每年平均进展 49.00 千克，乳脂量 1.29 千克，乳蛋白量 1.71 千克；2001—2008 年，中国荷斯坦牛母牛群体产奶量年均进展 41.14 千克，乳脂量年均进展 0.71 千克，乳蛋白量年均进展 1.43 千克。2008—2016 年中国荷斯坦牛母牛群体产奶量年均进展 56.86 千克、乳脂量年均进展 1.86 千克，乳蛋白量年均进展 2.0 千克，明显快于 2008 年之前，见表 3-6。

表 3-6 2001—2016 年出生的中国荷斯坦牛母牛不同性状年均遗传进展情况

出生年份	产奶量（千克）	乳脂量（千克）	乳蛋白量（千克）
2001—2016	49.00	1.29	1.71
2001—2008	41.14	0.71	1.43
2008—2016	56.86	1.86	2.00

1996—2017 年度出生的中国荷斯坦母牛产奶量、乳脂量、乳蛋白量、体型总分、泌乳系统、肢蹄和体细胞评分性状的遗传进展趋势见图 3-15 至图 3-21。

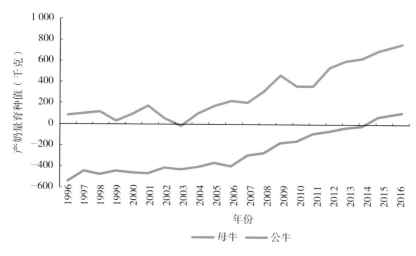

图 3-15 1996—2016 年出生的中国荷斯坦牛产奶量遗传进展趋势

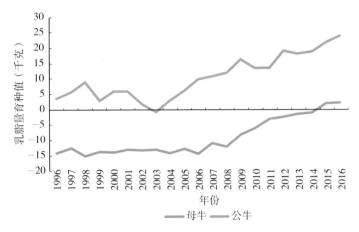

图 3-16　1996—2016 年出生的中国荷斯坦牛乳脂量遗传进展趋势

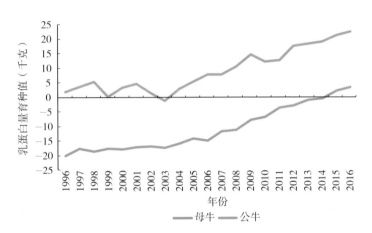

图 3-17　1996—2016 年出生的中国荷斯坦牛乳蛋白量遗传进展趋势

图 3-18　1996—2016 年出生的中国荷斯坦牛体细胞评分遗传进展趋势

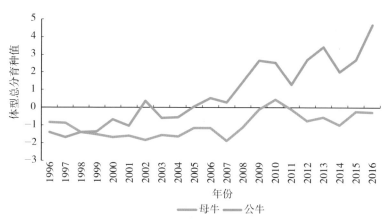

图 3-19　1996—2016 年出生的中国荷斯坦牛体型总分遗传进展趋势

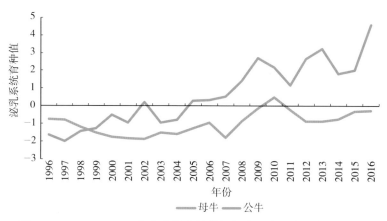

图 3-20　1996—2016 年出生的中国荷斯坦牛泌乳系统遗传进展趋势

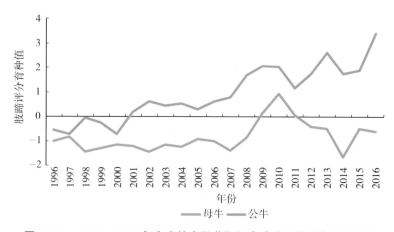

图 3-21　1996—2016 年出生的中国荷斯坦牛肢蹄评分遗传进展趋势

六、种奶牛推广和冻精产销现状

2020 年，我国共有 36 个种公牛站，采精荷斯坦种公牛存栏 435 头，实际生产荷斯坦牛冻精 412 万剂，年销售 417.1 万剂，年培育乳用后备公牛 180 头。与 2019 年相比，2020 年公牛存栏持续下降，培育的乳用后备公牛数量也同时下降。

2012 年以来，我国进口奶牛活牛和胚胎的总体数量保持基本稳定趋势，但经农业部审批的进口冷冻精液数量不断下降（大量进口冷冻精液不经过原农业部审批，直接从海关进口）。近年来，经农业农村部审批的进口奶牛冷冻精液数量逐年下降，2018 年经申请农业农村部审批的进口奶牛冷冻精液为 0。而 2019 年实际进口冻精约 671.7 万剂，其中荷斯坦牛冻精数量约 500 万剂（国家统计局），进口奶牛冷冻精液的渠道主要是从海关按普通商品直接进口，脱离了农业农村部相关部门的监管审批。2020 年进口奶牛冷冻精液数量略高于 2019 年。

七、种奶牛重大或重要疫病净化

（一）影响我国种牛健康的垂直传播疫病

我国奶牛种业发展晚，近 20 年从世界各地不断引进活体快速增加了存栏量，同时带来了传染性疫病引入的风险。目前我国荷斯坦奶牛存栏约 500 万头，正处在由量的增长到量、质双提升的关键时期，同时乳肉兼用牛及肉用牛群体数量快速增加，使得我国牛存栏量也快速攀升，随之而来牛重大传染病的防控也面临挑战。目前影响我国奶牛的传染病中，可以垂直传播的主要是口蹄疫、布鲁氏菌病、结核病、传染性鼻气管炎、黏膜病、牛白血病、皮肤结节病、疱疹病毒 4 型、胎儿弯曲杆菌、衣原体、滴虫病、钩端螺旋体病等。这些疫病的病原微生物可通过种牛或遗传材料途径感染新的个体，从而扩大其感染范围，加快其传播速度。

（二）我国母牛群体垂直传播疫病的流行现状

2020 年，我国评估了 10 家奶牛核心育种场，这些牧场相对于国内其他群体，管理更规范，群体品质优良。这些奶牛场口蹄疫控制较好，可以达到免疫无疫的标准。我国奶牛口蹄疫免疫抗体合格率可达 90% 以上，但仍然有 10% 左右的口蹄疫非结构蛋白个体阳性，下一步种用奶牛应强化非结构蛋白阳性牛只的净化。布鲁氏菌病目前未得到稳定控制，核心育种场中只有个别场达到净化，而其他场多是采取免疫控制策略，具有一定的垂直传播风险。结核病、传染性鼻气管炎和粘膜病在我国的奶牛群体中处在扩散期，短期内难以得到净化，应优先在种牛场开展强制净化工作。牛白血病目前在我国的发病率约 10%，这个总体阳性率相对于国外的千分之几的阳性率，也应该引起重视，国内目前未开展有效的控制。2020 年突然传入我国的牛皮肤结节病，在一年之内扩散到了全国大多数省份，导致泌乳牛群和犊牛感染和死淘。群体一旦感染该病毒，发病率在 20% 左右，种用牛应该开展积极的免疫和净化工作。根据监测，疱疹病毒 4 型正成为我国奶牛早流产的一个重要因素，在美国的奶牛流产因素中占 21%，其对种用牛的影响也应予以重视，并开展评估。

（三）种公牛垂直传播疫病的净化情况

目前我国种公牛场站有 36 个，存栏种公牛共 3 529 头，公牛站相对群体较小，管理规范，但目前仅北京、上海、山东和西安 4 地的四个公牛站开展了布鲁氏菌病和结核病的净化验收工作，其他垂直传播疫病的检疫和净化工作还没有可靠的数据。口蹄疫非结构蛋白抗体阳性、布鲁氏菌病、牛结核病应该开展强制检疫净化，同时由于传染性鼻气管炎等疱疹病毒、黏膜病病毒（20 世纪 90 年代，进口公牛检出率超过 78.57%）、皮肤结节病病毒（新发）易通过精液垂直传播，应该加强检疫；牛白血病和鹦鹉热衣原体的感染率 10% 以下，可加强监测淘汰，胎儿弯曲杆菌、滴虫和钩端螺旋体多发于牛采用本交配种情况，目前我国奶业大力推行人工授精，奶牛发病率低，无种牛相关数据报告。

下一步，按照《全国奶牛遗传改良计划（2021—2035 年）》对重大或重要动物疫病控制要求，奶牛核心育种场和种公牛站应加强口蹄疫、布鲁氏菌病、牛结核病的监测和净化，从源头提升种奶牛健康水平。

八、奶牛遗传改良科研进展

（一）奶牛重要性状全基因组关联分析鉴定功能基因和遗传标记取得重要成果

2008 年起，中国农业大学奶牛育种团队开展中国荷斯坦牛产奶性状全基因组关联分析（GWAS），检测到 105 个基因组水平显著 SNP 位点，挖掘了 26 个功能基因（Jiang 等 . PLoS One，2010），研究结果被其他畜禽重要性状 GWAS 广泛借鉴；之后，陆续对荷斯坦奶牛的 29 个体型性状、22 个乳脂肪酸含量性状、初乳 IgG 浓度、2 个毛色性状也进行了 GWAS；进一步在大群体中，对候选基因及其遗传变异位点进行遗传效应分析，鉴定到对产奶量、乳蛋白、乳脂、乳脂肪酸含量等性状具有显著遗传效应的位点，为基因组选择提供了新的基因信息。

（二）基于转录组、全基因组重测序发掘了奶牛乳成分性状关键基因及调控通路

中国农业大学奶牛育种团队对具有极端高、低乳蛋白率 / 乳脂率的泌乳后期荷斯坦母牛乳腺上皮组织进行转录组测序（RNA-Seq），综合基因差异表达、已知 QTL 染色体区段、GWAS 显著 SNP 位点及生物学功能等多种信息，共鉴定到 7 个乳蛋白和乳脂性状相关功能基因；对具有极端高、低乳蛋白率和乳脂率个体育种值的全同胞 / 半同胞荷斯坦种公牛进行全基因组重测序，鉴定到 46 个功能基因参与乳蛋白、乳脂合成。

（三）牛奶脂肪酸影响因素及遗传参数估计研究有新进展

2019—2020 年，山东奥克斯畜牧种业有限公司开展了对牛奶脂肪酸含量具有显著影响的环境因素研究。通过收集分析山东及周边地区 49 个牧

场 30 016 头健康荷斯坦牛 7 种脂肪酸的 53 172 条测定日记录，发现场年月、泌乳阶段、产犊月份、体细胞评分对各脂肪酸均存在极显著影响，而胎次只对单不饱和脂肪酸、油酸 C18:1 cis-9、多不饱和脂肪酸存在显著影响；各种脂肪酸的估计遗传力在 0.04 ～ 0.10 ；各脂肪酸之间均呈正的中高遗传相关（0.32 ～ 0.97）。这是国内首次对基于 FT-MIR 光谱法预测牛奶的脂肪酸性状进行遗传评估，为深入探索改变牛奶脂肪酸含量的奶牛特色选育策略提供了科学依据。

肉 牛 篇

一、肉牛种业现状

肉牛产业是畜牧业的重要产业，对保障畜产品供给、缓解粮食供求矛盾、丰富居民膳食结构和乡村振兴发展具有非常重要的作用。肉牛产业发展形势稳中向好，多年来消费需求和消费量稳定增长。肉牛种业是肉牛产业发展的基础和关键。在《全国肉牛遗传改良计划（2011—2025）》的统筹推动下，肉牛良种化水平快速提高，肉牛种业也取得了较大进展。

以核心育种场、种公牛站、技术推广站、人工授精站为主体的繁育体系得到进一步完善。制定了国家肉牛核心育种场遴选标准，采用企业自愿、省级畜牧兽医行政主管部门审核推荐方式，自 2014 年启动国家肉牛核心育种场遴选工作以来，已开展 5 批国家肉牛核心育种场遴选，共有 44 家企业通过初审和现场专家评审，获得了国家肉牛核心育种场资格。

2019—2020 年，农业农村部组织开展了国家肉牛核心育种场核验工作，经研究决定，取消两家单位资格，截至 2020 年底，42 家国家肉牛核心育种场名单见表 4-1。各省份国家肉牛核心育种场数见图 4-1。

表 4-1　2020 年 42 家国家肉牛核心育种场名单

年份	序号	单位名称	省区代码	牛场编号
	1	张北元启牧业科技有限公司（原张北华田牧业科技有限公司）	13	0001
2014	2	海拉尔农牧场管理局谢尔塔拉农牧场	15	0001
	3	延边东盛黄牛资源保种有限公司	22	0001

（续）

年份	序号	单位名称	省区代码	牛场编号
2014	4	长春新牧科技有限公司	22	0002
	5	河南省鼎元种牛育种有限公司	41	0001
	6	四川省阳平种牛场	51	0001
	7	云南省种畜繁育推广中心	53	0001
	8	云南省种羊繁育推广中心	53	0002
	9	腾冲市巴福乐槟榔江水牛良种繁育有限公司（原腾冲县巴福乐槟榔江水牛良种繁育有限公司）	53	0003
	10	青海省大通种牛场	63	0001
2015	1	河北大和肉牛养殖有限公司	13	0002
	2	通辽市高林屯种畜场	15	0002
	3	延边畜牧开发集团有限公司	22	0003
	4	高安市裕丰农牧有限公司	36	0001
	5	鄄城鸿翔牧业有限公司（原山东省鲁西黄牛原种场）	37	0001
	6	南阳市黄牛良种繁育场	41	0002
	7	广西水牛研究所水牛种畜场	45	0001
	8	云南谷多农牧业有限公司	53	0004
	9	陕西省秦川肉牛良种繁育中心	61	0001
2017	1	运城市国家级晋南牛遗传资源基因保护中心	14	0001
	2	龙江元盛食品有限公司雪牛分公司	23	0001
	3	山东无棣华兴渤海黑牛种业股份有限公司	37	0003
	4	湖南天华实业有限公司	43	0001
	5	云南省草地动物科学研究院	53	0005
	6	杨凌秦宝牛业有限公司	61	0002
	7	临泽县富进养殖专业合作社	62	0001
	8	伊犁新褐种牛场	65	0002
	9	新疆呼图壁种牛场有限公司	65	0003
	10	中澳德润牧业有限责任公司	65	0004
2018	1	内蒙古科尔沁肉牛种业股份有限公司	15	0004
	2	内蒙古奥科斯牧业有限公司	15	0008
	3	吉林省德信生物工程有限公司	22	0005

（续）

年份	序号	单位名称	省区代码	牛场编号
2018	4	沙洋县汉江牛业发展有限公司	42	0002
	5	荆门华中农业开发有限公司	42	0003
	6	甘肃农垦饮马牧业有限责任公司	62	0002
	7	新疆汗庭牧元养殖科技有限责任公司	65	0001
2019	1	泌阳县夏南牛科技开发有限公司	41	0004
	2	平顶山市犇牛畜禽良种繁育有限公司	41	0003
	3	四川省龙日种畜场	51	0003
	4	甘肃共裕高新农牧科技开发有限公司	62	0008
	5	凤阳县大明农牧科技发展有限公司	34	0001
	6	太湖县久鸿农业综合开发有限责任公司	34	0002

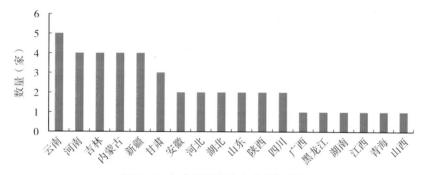

图 4-1　各省份国家核心育种场数量

　　截至 2020 年，国家肉牛核心育种场登记品种包括西门塔尔牛、安格斯牛等 26 个，全群存栏 1.66 万头，各核心育种场牛只存栏情况见表 4-2。各省份核心场核心群数量见图 4-2，所有品种中西门塔尔牛核心群数量最多，以西门塔尔牛为例，各省份核心群数量见图 4-3。

表 4-2　各国家核心育种场育种群牛只存栏情况

国家核心育种场序号	品种名称	成年牛（头）	育成牛（头）	犊牛（头）
1	皖东牛	126	24	10
2	西门塔尔牛	68	38	8
3	安格斯牛	174	—	—

国家核心育种场序号	品种名称	成年牛（头）	育成牛（头）	犊牛（头）
4	锦江牛	162	5	—
5	摩拉水牛、尼里拉菲水牛	231	—	—
6	三河牛	258	—	—
7	西门塔尔牛	115	56	17
8	西门塔尔牛	162	28	—
9	安格斯牛	240	113	41
10	西门塔尔牛	99	41	7
11	安格斯牛	211	79	7
12	西门塔尔牛	235	63	25
13	和牛	588	117	177
14	夏南牛	215	—	—
15	南阳牛	130	82	37
16	西门塔尔牛	395	166	125
17	西门塔尔牛	170	71	8
18	郏县红牛	110	62	13
19	大通牦牛	1 056	590	80
20	西门塔尔牛	579	251	152
21	鲁西牛	205	31	—
22	渤海黑牛	266	76	15
23	秦川牛	70	—	—
24	麦洼牦牛	334	177	136
25	西门塔尔牛	180	69	72
26	大别山牛	221	19	—
27	槟榔江水牛	522	—	—
28	西门塔尔牛	107	9	—
29	安格斯牛	182	31	—
30	中国西门塔尔	266	—	—
31	新疆褐牛	309	—	—
32	延黄牛	227	133	50
33	延边牛	192	87	12
34	安格斯牛	438	29	—
35	文山牛	851	377	113
36	云岭牛	476	143	44
37	西门塔尔牛	171	76	54

（续）

国家核心育种场序号	品种名称	成年牛（头）	育成牛（头）	犊牛（头）
38	短角牛	245	125	—
39	晋南牛	227	44	35
40	西门塔尔牛	548	132	—
41	西门塔尔牛	212	75	49
42	安格斯牛	272	—	—
43	总计	11 845	3 419	1 287

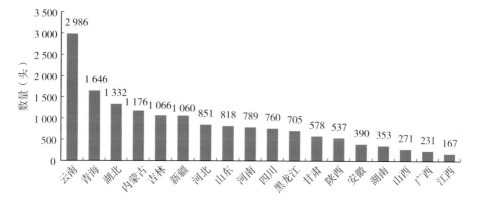

图 4-2　各省份国家肉牛核心育种场核心群数量

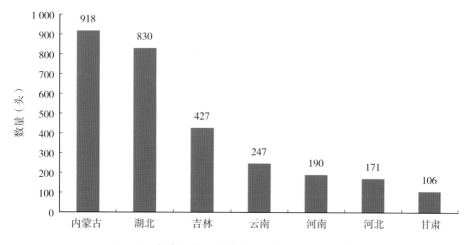

图 4-3　各省份核心育种场西门塔尔牛核心群数量

截至 2020 年，全国共有 36 个种公牛站生产销售牛冷冻精液。共存栏种公牛（包括肉用、乳用、乳肉兼用牛）3 529 头，其中采精公牛 2 586 头。各省份种公牛存栏量如图 4-4 所示，其中内蒙古存栏量最多，其次是河南。各省份西门塔尔牛种公牛存栏量如图 4-5 所示，其中河南存栏量最多，其次是内蒙古。

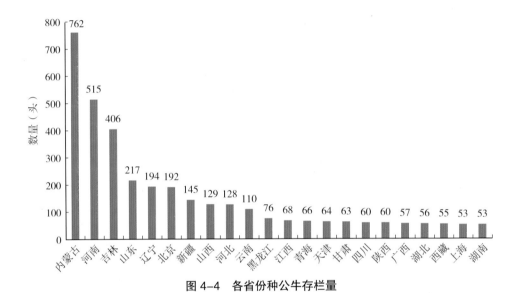

图 4-4 各省份种公牛存栏量

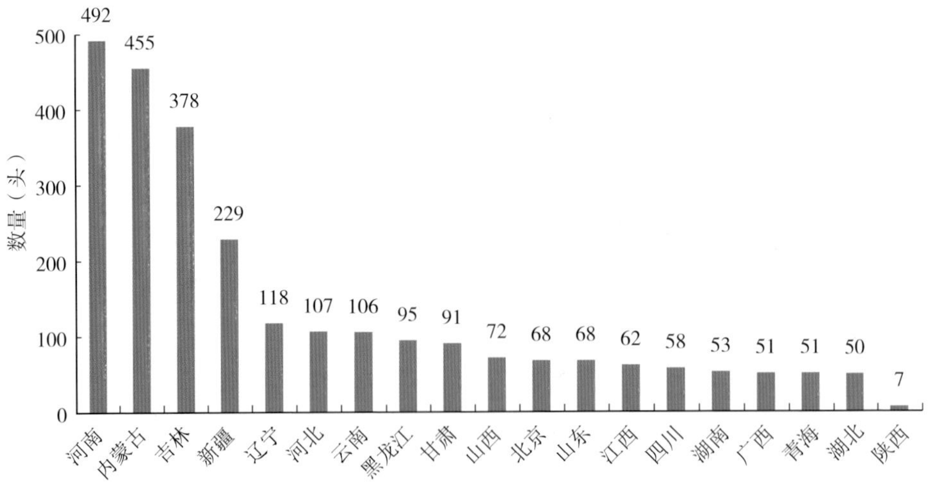

图 4-5 各省份西门塔尔牛种公牛存栏量

二、生产性能测定

为实现全国肉用种牛的生产性能测定和遗传评估，奠定肉牛业发展的优良种源基础，2007 年 8 月农业部批准西北农林科技大学在农业部黄牛研究室的基础上组建国家肉牛改良中心，立足我国普通牛选育改良和肉牛种质创新，建设集肉牛遗传改良、繁育饲养及产业化示范等功能于一体的国家级开放共享科技创新平台。2012 年 11 月农业部发布了《全国肉牛遗传改良计划（2011—2025 年）》，指导建立了肉牛生产性能测定体系，包括建立肉牛性能测定中心和国家肉牛遗传评估中心，生产性能测定采取场内和测定站相结合方式进行测定，按照《肉用种公牛生产性能测定实施方案（试行）》（农办牧〔2010〕56 号），核心育种场和种公牛站实施全群测定。截至 2020 年，80 个场站累计 3 万头牛参与生产性能测定，共收集生长发育记录 59 万余条、体型外貌评分记录 7 千余条、超声波测定记录 1.1 万余条、采精记录 2.4 万余条和配种产犊记录 5.1 万余条，各省份生产性能测定数收集情况见图 4-6，其中云南和内蒙古的生产性能测定数据条数超 8 万余条。每年参加生产性能测定的牛只数超过 8 000 头，通过性能测定和个体选择，每年可选出优秀种公牛 200 头以上，为我国肉牛育种工作奠定了基础。目前，常规性能测定仍是我国肉牛种群选育的主要技术手段，分子育种技术逐步渗透至肉牛种群选育过程中，与传统表观性状结合更加紧密，进一步提升了肉牛种群选择准确性。

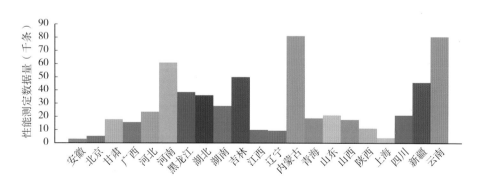

图 4-6　各省份生产性能测定数据收集情况

后裔测定是肉牛育种工作中重要的环节，是根据后裔的生产性能和外貌等特征来估测种畜的育种值，以评定其种用价值，是选择优秀种公牛最可靠的方法。2015年，在全国畜牧总站指导下，金博肉用牛后裔测定联合会成立，联合会紧紧围绕肉用牛遗传改良的工作目标，充分整合各会员单位的优势资源，统筹安排后裔测定的具体工作，开辟了国内肉用牛联合后裔测定的先河。联合会制定了《肉用牛后裔测定技术规程》，并对参测单位开展后裔测定技术培训。成立至今，已开展了4个批次的后裔测定工作，累计测定种公牛92头，累计交换冻精2.1万剂，累计记录配种数据8 637条、产犊数据3 042条。2016—2020年后裔测定统计表见表4-3。

表4-3　2016—2020年各参测单位肉用牛后裔测定统计表

年份	单位名称	接收冻精（剂）	配种数据（条）	产犊记录（条）	初生测定（头）	断奶测定（头）
2016	河南鼎元	1 200	369	224	224	27
	吉林德信	1 000	543	86	86	—
	洛阳洛瑞	750	315	139	139	135
	山东省站	800	399	25	25	112
	天和牧业	200	177	112	112	—
	通辽京缘	650	364	206	206	150
	新疆天山	575	188	122	122	—
	许昌夏昌	600	179	111	111	15
	云南恒翔	625	553	—	—	—
2017	通辽京缘	650	309	132	132	92
	成都汇丰	530	93	93	93	20
	吉林德信	660	300	180	180	70
	长春新牧	570	203	180	180	118
	新疆天山	950	700	291	291	83
	河南鼎元	800	256	114	114	72
	洛阳洛瑞	500	203	140	140	95
	许昌夏昌	300	140	60	60	41
	山东省站	750	336	112	112	103

（续）

年份	单位名称	接收冻精 （剂）	配种数据 （条）	产犊记录 （条）	初生测定 （头）	断奶测定 （头）
2018	通辽京缘	640	460	116	116	38
	长春新牧	496	130	—	—	—
	新疆天山	640	589	83	24	—
	河南鼎元	676	236	121	121	64
	洛阳洛瑞	260	143	92	92	48
	许昌夏昌	260	143	74	70	—
	北京奶牛中心	228	112			
2019	通辽京缘	600	38	—	—	—
	长春新牧	400	—			
	新疆天山	575	350			
	河南鼎元	750	207	156	156	51
	洛阳洛瑞	475	213	73	73	
	许昌夏昌	275	109			
	奶牛中心	600	—			
	吉林德信	450	280			
2020	通辽京缘	400				
	长春新牧	400				
	河南鼎元	200				
	洛阳洛瑞	200				
	许昌夏昌	200				
	奶牛中心	200				
	吉林德信	400	—	—	—	—

三、种肉牛遗传进展分析

2020 年，国家肉牛遗传评估中心进一步完善，共收集 42 752 头肉牛的 59 万余条数据。同时，2019 年将核心育种场数据应用于种公牛遗传评估，使选择准确度得到了进一步提高。在此基础上，全国畜牧总站发布了

《2020年中国肉用及乳肉兼用种公牛遗传评估概要》。

截至2020年，全国已经完成遗传评估的种公牛数量达6 542头。2012—2020年完成种公牛遗传评估的种公牛数量见图4-7。遗传评估牛头数高于200头的省份见图4-8。由于我国西门塔尔种公牛存栏数最多，以西门塔尔牛为例（图4-9），可以看出我国肉用种公牛在实施遗传改良计划后所取得的遗传进展显著。

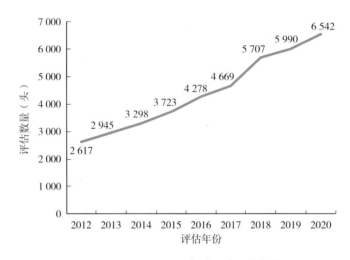

图4-7　2012—2020年种公牛评估数量

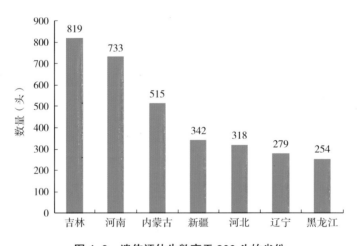

图4-8　遗传评估牛数高于200头的省份

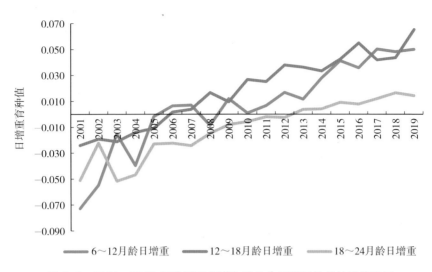

图 4-9 2001—2019 年我国西门塔尔种公牛日增重性状的遗传进展

肉牛全基因组选择技术的建立与应用是我国肉牛育种体系的新增动力。依托中国农业科学院北京畜牧兽医研究所，国家肉牛遗传评估中心已建立起全国最大的肉用西门塔尔牛基因组选择参考群体，规模达 3 222 头，参考群数量还在增加。

四、联合育种

2020 年，在农业农村部种业管理司和全国畜牧总站的指导下，"华西牛"联合育种各攻关单位紧紧围绕"华西牛"新品种培育工作，齐心协力开展联合攻关，各项工作取得了较大的进展。

为统一联合攻关相关技术标准，组织有关专家对《"华西牛"品种标准》《"华西牛"品种登记技术规程》和《"华西牛"体型线性鉴定技术规范》等标准进行修订和完善。2020 年，已立项农业行业标准 1 项、地方标准 1 项。其中《肉牛体型线性鉴定技术规范》立项为行业标准，《肉牛品种登记技术规程》立项为河南省地方标准。

为保证各区域生产性能测定数据的准确性，切实做好"华西牛"新品种培育工作，2020年10月26日至11月2日，北京联育公司组织开展了联合会理事单位和联合会攻关单位育种数据核查工作。核查分为三个小组，通过抽查的联合会各育种单位间交叉调研方式进行现场核查，每个调研小组包括2名专家和1名攻关组成员。对各攻关单位牛群存栏、育种设施设备和育种技术力量情况；生产性能测定完成情况、数据质量和数据报送情况；选种选配、繁殖、健康等状况进行了全面核查。本次共核查21个单位，累计抽查系谱档案180头，系谱完整率为96.7%，现场生产性能抽测194头，准确率为96.9%，进一步完善了抽测监督与场内测定相结合的肉牛生产性能测定体系。

组织河南鼎元、吉林德信、通辽京缘等7家单位10头种公牛开展联合后裔测定，同时及时收集前期后裔测定数据。2016年以来，累计开展4个批次102头种公牛后裔测定，交换冻精20 660剂，产犊记录4 310头，断奶测定2 280头，屠宰测定157头。根据后裔测定数据，首次发布了80头有后裔测定成绩的种公牛遗传评估结果，后裔测定各性状遗传评估准确性提高了12%～17%。

研发了肉牛智能化采集设备（自动称重系统、智能测仗和卷尺）＋电子耳标＋手持终端＋手机APP＋管理系统，为育种数据无纸化、自动化采集奠定基础，保障育种数据客观、真实、准确。目前，该系统已完成调试工作。同时，针对"华西牛"新品种培育，在国家肉牛遗传评估平台基础上，独立开发了"华西牛"数字育种平台（www.huaxicattle.com），对"华西牛"育种数据进行系统管理。

利用传统育种值估计与全基因组选择相结合的方式，筛选优质母牛补充核心群。同时，通过统一育种规划，对各联合攻关单位"华西牛"育种核心群实行统一选种选配工作，确保核心群选育质量。

为扩大肉牛全基因组选择参考群体，进一步提高选择准确性，内蒙古奥科斯牧业、内蒙古乌拉盖管理区博昊良种肉牛繁育专业合作社、内蒙古科尔沁肉牛种业、河南鼎元、吉林德信等企业共完成544头"华西牛"血样采集和基因组测定工作。同时，对内蒙古地区156头"华西牛"进行了生长发育、屠宰性状的全部测定。

为加大优良种质推广力度，让优秀种公牛的市场价值得到充分发挥，组织开展了首届种公牛网络评选活动。本次活动共有来自 15 个单位 118 头种公牛参赛，通过初选和专家现场评定，最终确定 47 头成年种公牛和 38 头后备种公牛进行网络投票。各单位参评牛体格健壮，体型外貌良好，具备优秀的种用生产潜能。网络投票活动共持续 6 天，总投票数达 586 270 票，累计访问次数达 842 294 次。

2020 年 8 月 25—26 日，在内蒙古乌拉盖管理区组织召开了"华西牛"新品种培育联合攻关现场研讨会。由农业农村部、全国畜牧总站、中国农业科学院、北京市农业农村局有关领导，国家畜禽遗传资源委员会牛专业委员会有关专家组成的调研组对"华西牛"新品种培育基地和有关牧场进行了实地调研，并就"华西牛"新品种培育联合攻关工作进行了深入研讨，对"华西牛"新品种审定工作做了进一步的安排和部署。

2019 年 12 月，"乳肉兼用牛培育自主创新联盟"成立。乳肉兼用牛培育自主创新联盟秉承为国内乳肉兼用牛培育和养殖企业提供技术服务、培训和交流平台，培育中国特色乳肉兼用牛新品种（系），以提高乳肉兼用牛群体生产性能和综合养殖效益为宗旨，通过有效的联盟机制，凝聚社会各界的共识与合力，共同为各育种机构、牧场、相关企业单位提供有力支持，共同为乳肉兼用牛事业提供优质生长土壤，丰富我国牛品种数量，促进我国奶牛、肉牛持续健康发展。

2020 年 10 月，"地方黄牛选育联合会成立大会"在吉林省延吉市召开。地方黄牛选育联合会是国家肉牛遗传改良计划中关于我国地方普通牛遗传改良的重要组成部分，受种业管理司和全国畜牧总站委托，有针对性地开展地方普通牛选育工作。在保持肉质风味特色基础上，提高肉用性能，并考虑市场开发要素，联合会提出要逐步建立适合地方普通牛特色的胴体分割和牛肉等级评定标准，包括种用标准和种用卫生标准。联合会以企业为主体开展联合育种，实行同品种统一登记制度，旨在育成具有自主知识产权的优良品种。地方黄牛选育联合会的成立对我国地方普通牛的持续选育提高具有重要意义。

五、种公牛推广和冻精生产销售现状

近 10 年种公牛推广和冻精生产销售情况汇总见图 4-10 和图 4-11。其中 2020 年，国内种公牛站共生产肉牛冻精 3 589.74 万剂，其中生产肉用西门塔尔牛冻精 2 135.09 万剂，占比达 59.5%。销售肉牛冻精 2 726.80 万剂，销量同比增加 27.1%；其中销售肉用西门塔尔牛冻精 1 680.66 万剂，占比达 61.6%。

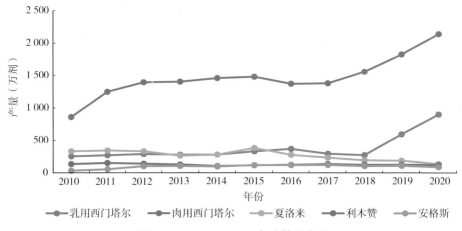

图 4-10　2010—2020 年冻精生产量

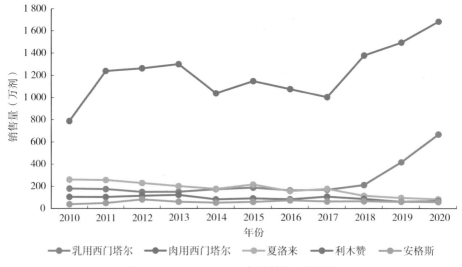

图 4-11　2010—2020 年冻精推广销售量

2020 年全国种公牛站冻精生产销售情况见表 4-4。

表 4-4　2020 年全国种公牛站冻精生产销售情况（万剂）

种公牛站 序号	品种名称	2020 年	
		产量	销量
1	西门塔尔牛（肉用）	2 135.09	1 680.66
2	西门塔尔牛（乳用）	896.65	665.151
3	夏洛来牛	133.25	81.435
4	利木赞牛	116.84	65.0 975
5	安格斯牛	84.8 628	56.545
6	和牛	29.75	11.66
7	皮埃蒙特牛	15.6	11.37
8	短角牛	9.77	1.91
9	德国黄牛	7.27	4.11
10	比利时蓝牛 /	12.2	2.34
11	金黄阿奎登		
12	南德文牛	—	—
13	摩拉水牛、尼里拉菲水牛、槟榔江水牛	48	24.94
14	锦江牛	5.53	6.58
15	秦川牛	0	0
16	麦洼牦牛	1.1	0.5
17	郏县红牛	2.28	1.35
18	徐州牛 / 湘西牛	1	0
19	南阳牛	1.55	0.2
20	鲁西牛	—	—
21	皖东牛、皖南牛、大别山牛	—	—
22	晋南牛	—	—
23	延边牛	14	10
24	柴达木牛	0.8 173	0
25	辽育白牛	12.2	17.4

（续）

种公牛站序号	品种名称	2020年	
		产量	销量
26	延黄牛	25	18
27	新疆褐牛	23.9	54.485
28	三河牛	6.2	6.8
29	蜀宣花牛	5	5
30	夏南牛	1.568	1.01
31	云岭牛	0.32	0.29
合计		3 589.74	2 726.80

国家肉牛核心育种场年度向社会供种5 861头，其中提供公犊牛3 827头，主要用于做区域改良本交公牛，100头以上公牛进入种公牛站成为后备种公牛。

六、种公牛冻精质量现状

各公牛站具有国际先进的冻精生产、检测设备，站均配备技术人员2～3人。部分种公牛站通过了ISO 9001质量管理体系认证，获得"牛布鲁氏杆菌净化示范场"和"牛结核病净化示范场"称号，冻精产品质量安全得到更好的保障。

七、种肉牛重大或重要疫病净化

在肉牛疫病控制领域，2019年国内报告牛多起疫情并进行了妥善处置；建立和完善了多种牛疫病检测技术；开发多种新兽药产品，并形成了牛重大病和常发病的综合防控技术。在牛疫病流行方面，新发结节性皮肤病两起。采用山羊痘疫苗进行紧急免疫，结合扑杀等策略有效控制了疫情。报告炭疽疫情一起，牛口蹄疫疫情两起。进一步开展了犊牛腹泻综合征和牛呼吸综合征的病因学研究，确定了主要病原体和优势型，为制定有效防控措施奠定了基础。在重要牛病新型检测技术方面，牛结核 g-干扰素检测试剂盒、牛支原体等温扩增检测试剂盒获新兽药证书。牛传染性鼻气管炎诊断技术和牛泰勒虫病诊断技术等两项行业标准获发布。建立和完善了牛传染性鼻气管 gG ELISA 抗体诊断方法、牛支原体抗体竞争 ELISA 法等多项检测方法。在疫苗研制方面，牛传染性鼻气管炎基因缺失疫苗获批农业转基因生物安全证书（生产应用）；牛流产布氏杆菌 A19 基因缺失标记疫苗、牛传染性鼻气管炎副流感 3 型二联灭活疫苗进入新兽药注册复核阶段。完善了牛支原体弱毒疫苗免疫攻毒保护模型和保护指标，显示该疫苗安全有效。

在新兽药研制方面，牛用抗寄生虫国家二类新兽药"羟氯扎胺原料及混悬液"进入新兽药注册的复核阶段，防治牛泄泻中兽药"鹳榆止泻散"申报新兽药注册。

在牛病综合防控方面，制定牛泄泻、前胃迟缓的中兽医辨证施治技术规范两项，筛选防治肉牛牦牛泄泻的中（兽）药方剂一个并成功进行验证；制定了牛场生物安全评估标准和在线评估程序。所研发的牦牛复合驱虫涂擦剂在青海、西藏、甘肃等省区牧场及牧户中推广使用效果良好；新药"蒿甲醚注射液和板黄口服液"的推广应用，显著降低了各地牛羊焦虫病及呼吸道疾病的发病率和死亡率。

八、新品种培育与推广

2019 年，中国农业科学院兰州畜牧与兽药研究所联合青海省大通种牛场，以青海高原牦牛为育种素材，采用群体继代选育法，针对牦牛的无角性状和生长性能，应用测交和控制近交方式，建立育种核心群、自群繁育，开展严格淘汰，持续进行选育提高。经过 20 多年系统选育，育成了生长发育快、产肉性能高、抗逆性强、无角及体型外貌高度一致，遗传稳定，适应青藏高原地区规模化集约化饲养的牦牛新品种——阿什旦牦牛。2019 年 4 月 28 日，"阿什旦牦牛"通过国家畜禽遗传资源委员会审定，取得国家畜禽新品种证书。

2019 年制定了《"华西牛"品种标准》《"华西牛"品种登记技术规程》和《"华西牛"体型外貌评定技术规范》，建立了完善的生产性能测定平台和数据上报平台。"华西牛"新品种培育联合攻关项目参加单位联合制订了核心母牛群选种选配计划，持续开展世代选育，核心母牛群扩大至 3 328 头。完成了内蒙古地区群体的第 4 世代选择，对湖北、甘肃等地区"华西牛"开展第 4 世代选择，为我国培育出"华西牛"专门化肉牛新品种奠定了良好基础。

九、种牛冷冻精液质量检测

牛冷冻精液质量抽检。2020 年农业农村部种畜品质监督检验测试中心、农业农村部牛冷冻精液质量监督检验测试中心（北京）和农业农村部牛冷冻精液质量监督检验测试中心（南京）3 家单位共抽检荷斯坦牛、西门塔尔牛、三河牛、安格斯牛、利木赞牛等品种 848 头种公牛的冻精，合格率为 95.8%。其中，抽检国产牛冷冻精液 745 头份，合格率为 99.2%；抽检进口牛冷冻精液 103 头份，合格率为 70.9%。

种公牛个体识别 DNA 检测。2020 年农业农村部种畜品质监督检验测试中心、农业农村部牛冷冻精液质量监督检验测试中心（北京）和农业农村部牛冷冻精液质量监督检验测试中心（南京）完成了 60 头种公牛个体识别抽检，结果表明，牛号名称相同的牛冷冻精液样品和牛血液样品均来源于同一个体。

十、肉牛遗传改良科研进展与重大成果

（一）地方普通牛产业化保种及肉牛商业化选育技术

2020 年，完善了肉牛遗传评估及全基因组选择技术平台，首次发布了 366 头中国肉牛基因组遗传评估结果，确定了"中国肉牛基因组选择指数（GCBI），并经专家论证将该技术作为全国肉牛遗传评估的首推技术；利用

该技术完成了 2 569 头种公牛的遗传评估，遗传评估数据收录于《2020 年中国肉用及乳肉兼用种公牛遗传评估概要》。

基于基因组选择技术高效优质的"华西牛"选育方法，提高了肉牛种群选择效率，大幅节约了育种成本，为优质"华西牛"的培育提供了分子育种方法，推动了肉牛种业的快速发展。此项发明获授权国家发明专利（ZL202010192316.0）。

创建了"2+3"生产繁殖技术模式，即"基因编辑胚胎、体外胚胎培养系统优化 + 高繁殖力系选育、高效繁殖技术、繁殖疾病诊疗体系"。

（二）肉牛商业化选育技术

开展新疆褐牛导入安格斯牛血液的试验研究，建立安格斯牛、西门塔尔牛冷季产犊与母带犊一体化、四季产犊与母子分离的饲养模式；完善适于秦川牛可持续选育的育种技术与操作手册，建立健全秦川肉牛、安格斯牛选育扩繁核心群，制定秦川牛肉用选育改良规划和实施方案，建立肉牛高效体外受精和超数排卵技术体系，优化胚胎保存和移植技术体系的推广和应用工作，加快良种扩繁效率。

（三）牦牛、水牛繁殖及饲养管理技术

完善牦牛种质资源保护与利用的胚胎工程体系，修改制定《麦洼牦牛保种、选育利用》《斯布牦牛保种利用》和《九龙牦牛保种利用》方案，建立阿什旦牦牛高效繁殖模式 1 套，对阿什旦母牛群体采取犊牛提前断乳、短期补饲调控提前发情等关键技术，早期断奶阿什旦牦牛发情率达 70%；4 ～ 6 月短期补饲经产母牛可以使母牛连产率达 90% 以上，人工授精受胎率达 80% 以上，大大提高了阿什旦母牛产犊效率。在机理研究上联合全基因组选择、阿什旦牦牛精子抗冻机制研究及冷冻损伤标记蛋白的筛选、体外诱导获能体系构建等多重手段，全面探索提高阿什旦牦牛繁殖效率及冻精利用率的方法。

利用高新克隆技术再次诞生 5 头克隆水牛，标志着该技术成功进入产业化培育阶段。为促进水牛种牛早期生长发育，加强犊牛饲养管理，利用

高效饲养模式，2020 年良种水牛 3 月龄平均断奶重为 108.64 千克，同比增加 13.66%；6 月龄平均体重为 167.53 千克，同比增加 17.18%；12～18 月龄平均体重为 240.93 千克，同比增加 5.89%。广西水牛研究所水牛种畜场和广西畜禽品种改良站申报了《广西壮族自治区星级无规定动物疫病养殖场评估》，通过了无口蹄疫、牛结节性皮肤病、布鲁氏菌病、牛结核病无规定动物疫病养殖场验收工作。此项工作的开展对深入推进种畜场动物疫病净化工作，从源头控制动物疫病，为养殖场提供健康优质的种源，全面提升动物疫病防控水平，有效维护畜牧业生产安全和公共卫生安全具有重大意义。

（四）肉牛屠宰净肉重性状调控基因发掘取得突破性进展

中国农业科学院北京畜牧兽医研究所牛遗传育种创新团队聚焦肉牛生长发育性状研究，发现 myotrophin（MTPN）基因对净肉重性状具有重要调控作用。课题组利用团队建立的肉牛资源群体填充基因型数据，对净肉重性状进行了全基因组关联分析，发现 MTPN 基因与该性状显著关联，应用牛胎儿成肌细胞体外模型，证实了外源添加 MTPN 基因重组蛋白，可以促进成肌细胞的分化和肥大过程、抑制细胞的增殖，进一步验证了该基因对牛成肌细胞的效应。该研究结果对解析肉牛骨骼肌发育的遗传机理具有重要的理论和实践意义，为"华西牛"新品种培育攻关提供了关于 MTPN 增加肉牛产量潜在应用的新信息，将有力促进高效优质肉牛新品种的分子辅助育种。相关研究成果在线发表在《细胞增殖（*Cell Proliferation*）》上。

（五）水牛产奶性状基因挖掘及驯化起源问题的探索取得重大进展

对河流型水牛进行全基因组测序和全基因组关联分析，构建了河流型水牛基因组全序列草图，挖掘出一批与水牛产奶性状显著相关的 SNP 标记和候选基因，并对 13 个中国水牛品种，开展选择信号分析，获得了与产奶性状相关的 12 个选择信号区域，其中有 4 个 QTL 与奶水牛产奶量，脂肪产量或蛋白质产量显著相关，为今后分子育种工作奠定基础。相关研究成果在线发表在 *National Science Review* 上。

（六）首届"中国牛·优质牛肉专家现场品鉴会"活动成功举办

2020 年 11 月 20 日，首届"中国牛·优质牛肉专家现场品鉴会"在甘肃平凉顺利举办，12 月 2 日，首届"中国牛·优质牛肉品鉴大会"在北京召开。活动以"品华夏牛肉，兴民族品牌，丰百姓餐桌"为主题，旨在打造推进我国肉牛产业优质化、品牌化的全国性、专业性的优质牛肉综合品鉴平台。在中国普通牛生产的高品质牛肉品鉴的基础上，厘清国人对牛肉消费特性的需求，筛选推介一批符合国人饮食习惯的可用于高品质牛肉生产的优秀品种。同时，加速推动了适合我国国情的高品质牛肉分割、分级和定价体系的建立，对于加强我国地方特色肉牛品种资源的挖掘利用，加快培育一批重点性状突出、生产性能稳定、经济效益较高、区域特色鲜明、消费层次多元的肉牛品种，形成产业链各环节良性循环体系，打造自主品牌，提高肉牛产业的质量效益和竞争力，推动我国肉牛产业高质量发展具有重要意义。

（七）中国普通牛遗传多样性研究进展

西北农林科技大学经过 15 年的科研攻关，对分布在中国不同地区的秦川牛、南阳牛、鲁西牛等 6 个主要普通牛品种以及安格斯牛、黑毛和牛 2 个引进肉牛品种共 8 个品种进行了全基因组重测序，并结合国外现有 7 个牛品种的测序数据，开展了中国普通牛群体历史和适应性研究，构建了中国普通牛全基因组遗传变异数据库，极大丰富了世界上牛的遗传变异数据库，印证了中国普通牛具有丰富的遗传多样性这一特征。此外，通过全基因组选择分析，挖掘了一些与产肉、产奶、毛色、抗逆等重要性状相关的受选择区域和功能基因。相关结果发表在国际著名学术期刊 *Molecular Biology and Evolution* 上。

（八）水牛白毛色性状的基因突变和分子调控机制解析取得重要进展

中国农业科学院国际家畜研究所"畜禽牧草遗传资源联合实验室"联合中国农业大学动物科技学院等单位通过全基因组重测序、转录组测序、

Nanopore 单分子测序以及基因功能研究，发现在白水牛 Agouti 信号蛋白基因（ASIP）上游存在一个 LINE-1 转座子的插入。组织学实验表明，ASIP 基因的高表达阻碍了黑色素细胞的发育，导致白水牛皮肤基底层缺乏成熟黑色素细胞及色素颗粒。这些全新的"组学"结果系统地揭示了水牛白毛色性状形成的分子机制。水牛白毛色性状遗传机制的阐明，使其成为家养水牛中第一个被解析分子遗传机制的表型性状，丰富了人们对动物白毛色形成机理的认识，加深了对白水牛遗传特性的了解，为我国白水牛特色遗传资源的有效保护和科学选育提供了重要科学依据。

羊　篇

一、羊种业现状

我国是羊生产、消费和进口大国，也是羊毛、羊绒制品出口大国，羊存栏量、出栏量、肉产量和绒产量均居世界第一位。2020年，我国绵羊、山羊共出栏3.1亿只，羊肉产量492万吨，分别比2011年增长了21.8%和20.1%。种业是羊产业发展的基石和源动力。在《全国肉羊遗传改良计划（2015—2025）》的统筹推动下，我国羊种质资源不断丰富，良种繁育体系逐步完善，生产水平显著提高，育种技术研发与应用不断加快，羊种业得到了快速发展。

（一）种质资源不断丰富

据《国家畜禽遗传资源品种名录（2021年版）》统计，我国绵羊和山羊品种共有167个，其中绵羊89个，山羊78个。在绵羊中，地方品种44个，培育品种32个，引进品种13个；在山羊中，地方品种60个，培育品种12个，引进品种6个。地方品种适应性强、数量多，但整体生产性能较低，是我国羊生产的主体，但湖羊、小尾寒羊等由于其高繁殖力的优异特性，常用作新品种培育的素材；引进品种生产性能优异、数量少、价格昂贵，主要用于商业杂交的终端父本和新品种培育；培育品种具备特性明显、生产力水平高、适应性强的特征，在提高我国羊生产水平和产品品质上发挥着积极作用，可为我国羊产业可持续发展提供宝贵资源和育种素材。"十三五"期间，鉴定了威信白山羊、欧拉羊和扎什加羊新遗传资源，审定通过了象雄半细毛羊、鲁西黑头羊、乾华肉用美利奴羊、戈壁短尾羊、鲁中肉羊、草原短尾羊、黄淮肉羊和云上黑山羊、疆南绒山羊等新品种，进一步丰富了我国羊遗传资源（表5-1）。

表5-1 "十三五"期间鉴定的羊新遗传资源和育成的羊新品种

新遗传资源/新品种	年份	名称
新遗传资源	2018	威信白山羊
	2018	欧拉羊
	2020	扎什加羊
新品种	2018	象雄半细毛羊
	2018	鲁西黑头羊
	2018	乾华肉用美利奴羊
	2019	戈壁短尾羊
	2019	云上黑山羊
	2020	鲁中肉羊
	2020	疆南绒山羊
	2020	草原短尾羊
	2020	黄淮肉羊

（二）良种繁育体系逐步完善

以核心育种场和繁育场为主体的"金字塔"式良种繁育体系得到进一步完善，种羊生产区域布局切合我国羊业生产实际。截至2020年，我国成立国家肉羊种业科技创新联盟1个，遴选国家肉羊核心育种场28家（表5-2），羊标准化示范场18家。2018年末，全国共有种羊场1 787个，同比下降5.20%，其中种绵羊场1 031个，同比上升1.58%；种山羊场756个，同比下降13.10%。内蒙古种羊场最多（439个），占比24.57%；其次为甘肃（181个，10.13%）、云南（132个，7.39%）、四川（108个，6.04%）、新疆（104个，5.82%）。全国种羊场数量少于10家的有黑龙江（9个，0.50%）、宁夏（9个，0.50%）、广东（4个，0.22%）、北京（3个，0.17%）、上海（3个，0.17%）和天津（2个，0.11%）。2020年底，全国有种羊场

1213 个，其中种绵羊场 791 个，种山羊场 422 个，种羊场在减量同时提高种羊质量。

表 5-2　国家肉羊核心育种场名单

年份	序号	单位名称	所在地
2016	1	天津奥群牧业有限公司	天津
	2	内蒙古赛诺草原羊业有限公司	内蒙
	3	朝阳市朝牧种畜场	辽宁
	4	浙江赛诺生态农业有限公司	浙江
	5	嘉祥县种羊场	山东
	6	临清润林牧业有限公司	山东
2018	7	江苏乾宝牧业有限公司	江苏
	8	河南三阳畜牧股份有限公司	河南
	9	河南中鹤牧业有限公司	河南
	10	金昌中天羊业有限公司	甘肃
	11	宁夏中牧亿林畜产股份有限公司	宁夏
2019	12	内蒙古草原金峰畜牧有限公司	内蒙古
	13	内蒙古富川养殖科技股份有限公司	内蒙古
	14	呼伦贝尔农垦科技发展有限责任公司	内蒙古
	15	苏尼特右旗苏尼特羊良种场	内蒙古
	16	黑龙江农垦大山羊业有限公司	黑龙江
	17	杭州庞大农业开发有限公司	浙江
	18	长兴永盛牧业有限公司	浙江
	19	合肥博大牧业科技开发有限责任公司	安徽
	20	四川南江黄羊原种场	四川
	21	成都蜀新黑山羊产业发展有限责任公司	四川
	22	云南立新羊业有限公司	云南
	23	龙陵县黄山羊核心种羊有限责任公司	云南
	24	陕西黑萨牧业有限公司	陕西
	25	甘肃中盛华美羊产业发展有限公司	甘肃
	26	武威普康养殖有限公司	甘肃
	27	红寺堡区天源良种羊繁育养殖有限公司	宁夏
	28	拜城县种羊场	新疆

国家肉羊核心育种场登记品种共有 21 个，其中绵羊品种 16 个，分别为澳洲白羊、杜泊羊、萨福克羊、白萨福克羊、特克塞尔羊、夏洛来羊、无角陶赛特羊、湖羊、小尾寒羊、滩羊、昭乌达肉羊、呼伦贝尔羊、巴美肉羊、德国肉用美利奴羊、中国美利奴羊和苏博美利奴羊；山羊品种 5 个，分别为黄淮山羊、南江黄羊、川中黑山羊、云上黑山羊和龙陵黄山羊。2020 年，国家肉羊核心育种场登记的种羊共 14.9 万只，比 2019 年的 8.6 万只增加了 73.3%，其中绵羊 13.5 万只、山羊 1.4 万只（表 5-3）。数量最多的是湖羊 7.1 万只，引入品种数量最多的是杜泊羊 1.1 万只（图 5-1）。

表 5-3　2020 年国家肉羊核心育种场核心群品种和数量

核心育种场序号	品种名称	群体数量（只）
1	澳洲白羊	5 725
	杜泊羊	4 361
2	杜泊羊	1 486
	萨福克羊	1 635
	白萨福克羊	86
	特克塞尔羊	292
3	杜泊羊	1 205
	夏洛来羊	785
4	湖羊	1 645
5	小尾寒羊	1 800
6	湖羊	4 074
7	湖羊	1 730
8	小尾寒羊	2 055
9	杜泊羊	2 100
	萨福克羊	1 480
	无角陶赛特羊	120
	澳洲白羊	130
10	湖羊	13 286
11	杜泊羊	1 671
12	昭乌达肉羊	8 246
13	巴美肉羊	2 395
14	呼伦贝尔羊	3 900

（续）

核心育种场序号	品种名称	群体数量（只）
15	苏尼特羊	1 000
16	德国肉用美利奴羊	1 826
17	湖羊	1 847
18	湖羊	2 187
19	黄淮山羊	1 300
20	南江黄羊	4 000
21	川中黑山羊	2 020
22	云上黑山羊	3 260
23	龙陵黄山羊	3 481
24	萨福克羊	1 745
25	湖羊	18 545
26	湖羊	25 735
27	滩羊	5 000
28	中国美利奴羊	9 912
	苏博美利奴羊	2 661
	德国肉用美利奴羊	1 756
合计		149 000

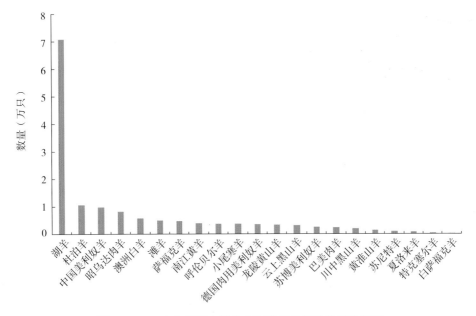

图 5-1　2020 年国家肉羊核心育种场各品种数量柱状图

（三）生产水平显著提高

随着良种的普及和饲养管理方式的改进，肉羊个体生产性能明显提高，产业综合生产能力稳步提升。2020 年，全国羊存栏 30 655 万只，比 2019 年增加 583 万只，增长 1.9%；出栏 31 941 万只，比 2019 年增加 242 万只，增长 0.8%；羊肉产量 492 万吨，比 2019 年增加 4.48 万吨，增长 1.0%；平均胴体重由 2019 年的 15.38 千克提高到 2020 年的 15.40 千克，增长 0.13%。

（四）育种技术取得突破

针对供给侧开展种质创新，创制出一批新种质，具有生长速度快、尾部脂肪少、肉毛品质好、产羔及泌乳多、饲料转化效率高和抗逆性强等 1 项或多项突出特性，并用于选育适于不同生态环境和生产方式的新品种和新品系。挖掘了一系列与绵羊、山羊驯化和肉羊主要经济性状有重要影响的候选基因，如尾型、尾椎数、抗病力等，部分分子标记已应用于育种实践中。通过引进吸收，自主开发出了适于肉羊性能测定的自动称重、自动采食、体尺和标识系统、B 超和 CT 活体测定技术、高通量基因分型技术并开展初步应用。建立了基因组选择参考群体，其中湖羊 1 656 只，杜泊羊和澳洲白羊混合群体 2 385 只。

二、数据记录与生产性能测定分析

2020 年，在 28 家国家肉羊核心育种场持续开展性能测定工作的基础上，天津奥群牧业有限公司建成了国家（天津）肉羊生产性能测定中心。该中心每年可为全国提供 2 000 只种羊的生长发育、饲料效率、屠宰、肉质、繁殖等生产性能指标测定和 1 000 人次的专业技术人员性能测定培训。国家肉羊性能测定中心的建成有助于建立场内测定和测定站相结合的肉羊生产性能测定体系，对全国肉羊联合遗传评估起到了积极的推动作用。

目前，国家肉羊核心育种场性能测定以场内测定为主，测定方法参照全国畜牧总站组织制定的《肉羊品种场内登记办法（试行）》和《肉羊性能测定技术规范（试行）》。截至 2020 年底，28 家国家肉羊核心育种场累计有 74 940 只种羊参与生产性能测定，比 2019 年增加了 14 949 只，增长 24.8%；2020 年共收集 18.04 万条表型记录，比 2019 年增加了 9.33 万条，增长 107.1%。其中，生长发育记录 14.84 万条、繁殖记录 2.95 万条、胴体性状记录 0.25 万条。在所有品种中湖羊测定的数据量最大，有 7.75 万条；引进品种杜泊羊测定的数据量最大，有 1.81 万条。性能测定的主要指标包括初生重、断奶重和 6 月龄、周岁、成年体重以及体尺等生长发育性状，背膘厚和眼肌面积等产肉性状，产羔数、产活羔数和断奶成活率等繁殖性状。

地方品种的配种以自然交配为主，人工授精为辅；引进品种的配种以人工授精为主，部分核心场生产冷冻精液和胚胎，胚胎移植在引进品种中有一定比例的应用。自动称重系统、B 超活体测定等智能化性能测定设备已在天津奥群牧业有限公司、朝阳市朝牧种畜场、江苏乾宝牧业有限公司、内蒙古赛诺种羊科技有限公司等 17 家核心场应用，CT 活体测定、自动采食系统和体尺测定系统已在天津奥群牧业有限公司应用于种羊生产性能测定。系谱记录和性能测定记录的保存主要以智能化软件储存为主，小部分核心场仍采用纸质档案保存。智能化性能测定设备和智能化育种管理软件的应用大大提高了性能测定的效率、准确性和数据的可利用率，为种羊遗传评估奠定了良好的基础。

三、数据利用与遗传评估开展

目前，羊的选种方法以表型值选择为主，部分核心场采用了 BLUP 法（最佳线性无偏预测）和分子标记辅助选择，应用的主要分子标记有 *FecB*（多胎基因）、*CLPG*（对绵羊瘦肉率、饲料利用率等有重要影响的主效基因）等。基因组选择技术体系正在加快建立，国内多家单位针对地方品种和引入品种分别组建基因组选择参考群体。其中，兰州大学与甘肃农业大学联合 5 家以湖羊选育为主的国家肉羊核心育种场和 2 家湖羊规模化羊场共同构建了包括 225 个表型指标和全基因组遗传变异的湖羊基因组选择参考群体，规模达 1 656 只；天津奥群牧业有限公司构建了包括主要生长发育指标和低深度重测序序列的澳洲白羊和杜泊羊的混合参考群体，规模达 2 385 只。这些参考群体的组建将快速推动我国羊遗传评估进入基因组遗传评估阶段，实现羊遗传评估技术的跨越式发展。

湖羊是国家肉羊核心育种场中群体规模最大、性能测定数量最多的品种。据国家肉羊核心育种场数据显示，2020 年，湖羊公羊初生重达到 3.65 千克，同比提高 1.11%；断奶重达到 17.25 千克，同比提高 8.15%；6 月龄重达到 56.12 千克，同比提高 28.83%；周岁重 69.47 千克，同比提高 17.93%。湖羊母羊初生重 3.33 千克，同比下降 0.60%；断奶重 15.69 千克，同比提高 5.02%；6 月龄重 43.04 千克，同比提高 16.86%；周岁重 53.67 千克，同比提高 2.97%；产羔率由 2019 年的 241.5% 提高至 2020 年的 250.9%；断奶成活率由 2019 年的 92.23% 提高至 2020 年的 94.00%。除母羊初生重略有下降，其他主要生长指标均有不同幅度的提升，其中表型进展最显著的是公羊 6 月龄重，提高了 28.83%，选育成效显著。

四、种羊重大或重要疫病净化

2012 年 5 月 20 日，国务院办公厅以国办发〔2012〕31 号文印发《国家中长期动物疫病防治规划（2012—2020 年）》，由中国动物疫病预防控制中心负责启动了规模化养殖场主要动物疫病净化示范创建工作。截至 2020 年，我国共有国家动物疫病净化示范场 1 家，天津奥群牧业有限公司 2015 年被遴选为国家动物疫病净化创建场，2017 年被遴选为国家动物疫病净化示范场（羊布氏菌病净化示范场）；国家动物疫病净化创建场 19 家（表 5-4）。同时，中国动物疫病预防控制中心每年还对种畜禽场主要动物疫病进行监测，2020 年在全国范围内共检测了 22 家种羊场，检测的疫病有口蹄疫、布鲁氏菌病和小反刍兽疫等 3 种，每个种羊场采集血清样品、O-P 液样品和眼 / 鼻拭子样品各 40 头份进行检测。口蹄疫病毒抗体（O、A 和亚 I 型）和口蹄疫病毒分别采用液相阻断 ELISA 和荧光 RT-PCR 方法进行检测，布鲁氏菌病抗体采用 ELISA 和 SAT 方法进行检测，小反刍兽疫抗体和病毒分别采用 ELISA 和荧光 RT-PCR 方法进行检测。通过检测掌握种羊场重大动物疫病和主要垂直传播疫病流行状况，跟踪监测病原变异特点与趋势，查找传播风险因素，加强种畜禽主要疫病预警监测和净化工作。

表 5-4　国家动物（羊）疫病净化场创建场名单

年份	序号	单位	示范场/创建场	所在地
2015	1	天津奥群牧业有限公司	创建场	天津
	2	青海省三角种羊场	创建场	青海
	3	宁夏回族自治区盐池滩羊选育场	创建场	宁夏
	4	内蒙古亿维白绒山羊有限责任公司	创建场	内蒙
2016	5	浙江赛诺生态农业有限公司	创建场	浙江
	6	云南省种羊繁育推广中心	创建场	云南
	7	金昌中天羊业有限公司	创建场	甘肃
	8	红寺堡区天源良种羊繁育养殖有限公司	创建场	宁夏
	9	巴里坤健坤牧业有限公司	创建场	新疆
	10	甘肃三洋金源农牧股份有限公司	创建场	甘肃
	11	陕西陕北白绒山羊繁育中心	创建场	陕西
2018	12	天津奥群牧业有限公司	羊布鲁氏菌病净化示范场（非免疫）	天津
	13	山西桦桂农业科技有限公司	创建场	山西
	14	内蒙古赛诺种羊科技有限公司	创建场	内蒙古
	15	赤峰市罕山白绒山羊种羊场	创建场	内蒙古
	16	上海永辉羊业有限公司	创建场	上海
	17	临清润林牧业有限公司	创建场	山东
	18	湖北恒泰羊养殖有限公司	创建场	湖北
	19	云南祥鸿农牧业有限公司	创建场	云南
	20	陕西黑萨牧业有限公司	创建场	陕西
	21	宁夏正荣肉羊繁育有限公司	创建场	宁夏

五、新品种培育与推广应用

（一）已育成新品种的生产性能及推广应用

2020 年，4 个羊新品种育成并通过国家审定，其中 3 个绵羊新品种和 1 个山羊新品种，分别为鲁中肉羊、草原短尾羊、黄淮肉羊和疆南绒山羊。

鲁中肉羊是以白头杜泊羊为父本、湖羊为母本杂交选育而成。该品种适合在北方农区养殖，具有产羔数量多、生长速度快、产肉性能好、适合舍饲圈养等优点，经产母羊产羔率达到 231.83%，6 月龄育肥羔羊出栏平均体重 48.79 千克，屠宰率达到 54.85%。

黄淮肉羊是以杜泊羊为父本、小尾寒羊为母本，根据黄淮平原农区自然气候条件，同时结合区域经济发展需求选育而成。该品种肉用性能突出，对中部地区环境适应性强，对秸秆类资源利用率高，经产母羊产羔率达到 252.82%，6 月龄育肥公母羊体重分别达到 58.50 千克和 52.45 千克，公母羊屠宰率分别为 56.02% 和 53.19%。

鲁中肉羊和黄淮肉羊已推广到山东、河北、内蒙古、新疆、青海、辽宁、黑龙江、山西、陕西、宁夏、安徽、重庆和河南等十几个省区市，表现出了良好的适应性。

草原短尾羊是采用本品种选育的方式育成的小短脂尾型肉羊新品种，公、母羊成年体重分别为 80.23 千克和 59.76 千克，母羊产羔率为 110.01%，羔羊成活率 98.42%。草原短尾羊主要分布在鄂温克旗境内，存栏 30 万只以上，具有尾型短小，生长发育快，耐寒冷、耐粗饲，宜牧养的优良特性，主要在我国北方草原牧区进行推广。

疆南绒山羊是以辽宁绒山羊为父本、新疆山羊为母本，采用级进杂交方法育成的绒用山羊新品种，成年公、母羊体重分别为 40.8 千克和 25.9 千克，产绒量分别为 592.2 克和 453.6 克，平均细度分别为 15.9 微米和 15.4 微米，母羊产羔率为 103%。疆南绒山羊种羊推广数量约 3 万只，推广地区以南疆阿克苏地区、巴州、克州、喀什、和田为主，还覆盖伊犁、塔城、哈密、博尔塔拉蒙古族自治州等地。

（二）正在选育新品种情况

据不完全统计，全国正在选育的羊品种有 10 余个，多数培育时间在 10 年以上。绵羊新品种主要有以下几类，一是牧区和农牧交错区专门化肉用品种；二是舍饲多胎肉用品种；三是传统毛用羊产区的半细毛和肉用细毛羊品种；四是藏系绵羊产区的特色品种。山羊新品种主要有乳用山羊、肉用山羊和绒山羊品种。具体选育情况如下：

牧区和农牧交错区专门化肉用绵羊新品种的选育，以国外引进专门肉用父本绵羊品种突出的肉用性能和本地品种适应性、繁殖力聚合为重点，主选肉用性能，兼顾繁殖力和适应性。杂交用的主要父本品种有杜泊羊、萨福克羊、特克赛尔羊，主要母本品种有蒙古羊、哈萨克羊、湖羊。

舍饲多胎肉用绵羊新品种培育，以地方特色绵羊品种的繁殖性能和引入品种肉用性能聚合为重点，主选繁殖性能，兼顾肉用性能。三元杂交的第一父本品种主要为小尾寒羊，第二父本品种主要有杜泊羊、东佛里生羊，母本品种主要有湖羊及当地已有品种等。二元杂交的父本品种主要为杜泊羊、澳洲白羊，母本品种主要为小尾寒羊和湖羊。

半细毛羊新品种培育，以 20 世纪 50 年代开始的绵羊改良工作为基础，对新疆细毛羊、苏联美利奴羊、考力代羊、罗姆尼羊等品种的改良群持续选育，主选产毛性能，兼顾肉用性能。

肉用细毛羊新品种培育，以国外引进的肉毛兼用细毛羊突出的肉毛性能和本地现有细毛羊品种适应性聚合为重点，主选肉用和毛用性能，兼顾适应性和繁殖性能。杂交用的父本品种有德国肉用美利奴羊和南非肉用美利奴羊，母本品种有中国美利奴羊和甘肃高山细毛羊。

藏系绵羊产区的特色绵羊新品种培育，以产肉性能、繁殖性能和适应性聚合为重点，主选产肉性能，部分群体兼顾繁殖性能。主要的方法是用盘羊与欧拉羊杂交、湖羊与西藏羊杂交。

乳用山羊选育，对萨能奶山羊等引进的乳用山羊品种进行本品种选育，在实现本土化选育的基础上主选产奶性能。

肉用山羊选育，以国外引进的肉用山羊和乳用山羊突出的肉用性能、乳用性能和本地山羊繁殖性能聚合为重点，以肉用性能和繁殖性能为主选目标。

绒山羊选育，一是对西藏山羊等特色地方山羊品种进行本品种选育，主选毛色和绒品质，兼顾生长、产绒量；二是以辽宁绒山羊产绒量和本地山羊及北山羊绒品质、适应性聚合为重点。杂交用的父本品种为辽宁绒山羊，母本品种为新疆山羊，部分群体导入北山羊血液。

六、羊遗传改良科研进展与重大成果

（一）实施"千羊计划"—— 千级规模湖羊基因组选择参考群体建成

在国家畜禽良种联合攻关计划的支持下，由兰州大学牵头的"湖羊选育及其新种质创制"联合攻关组实施了"千羊计划"，在建立专门化肉羊性能测定平台的基础上开展大规模肉羊性能测定，联合以湖羊选育为主的国家肉羊核心育种场，构建"千级"规模湖羊全基因组选择参考群体，基于现代组学和大数据技术手段绘制湖羊超高分辨率遗传变异图谱，解析绵羊重要经济性状的遗传机理，自主设计适于湖羊全基因组选择的高性能育种芯片，为湖羊全基因组选择和联合遗传评估打造"尖兵利器"。

完善的肉羊性能测定平台搭建完成，拥有可同时测定 652 只羊饲料效率的性能测定舍、屠宰间和配套实验室，测定了来自 7 个湖羊育种场的 1 656 只湖羊的生长性状、饲料效率、机体组成、胴体性状和肌肉品质等 225 个性状指标，累计获得了 30.92 万条表型数据。同时利用高通量测序技术对参考群体进行个体全基因组重测序，平均每个样本获得 18.03 Gb 的基因组数据，累计获得 32.5 Tb 的海量湖羊基因组数据，绘制出了超高分辨率的湖羊遗传变异图谱，构建出了国内性状记录最全、基因组序列覆盖最广的基因组组选择参考群体。开展了基于全基因组重测序数据的重要经济性状全基因组关联分析，从全基因组水平鉴定出一批与体重、日增重、饲料效率、脂肪沉积、肌肉品质和阴囊围呈显著关联且具有应用价值的分子标记。在此基础上，将设计适于不同应用场景的基因组育种芯片并应用于湖羊育种实践。

（二）良种牛羊卵子高效利用快繁技术取得重大突破

该项目由中国农业大学、内蒙古农业大学和中国农业科学院等单位联合完成。重大突破包括以下三方面：一是独创了牛羊卵子核—质同步成熟新技术，攻克了体外胚胎生产高质量卵子的国际难题。率先揭示 C 型钠肽（CNP）调控牛羊卵子减数分裂的核心作用及信号通路，独创了"三步法"成熟新工艺，实现核—质同步成熟，避免了传统工艺的副作用，体外成熟优质卵率达 90% 以上，高于传统技术 20%。二是发明了牛羊体外胚胎发育异常校正技术。首次阐明了生理因子维甲酸缺乏引起 X 染色体失活不足，是雌性体外胚胎死亡率高的关键原因。创建了维甲酸"生理窗口期"短时补偿技术，雌性胚胎存活率提高 50%，并提出生理因子校正胚胎发育的新思路。针对 DNA 甲基化异常和细胞器损伤等胚胎发育障碍的重要原因，创建了含有 GSH、melatonin 等生理因子的发育校正体系。基于上述技术，牛羊体外胚胎生产效率比国际同类技术提高 25% 和 57%。核心种质采用体外胚胎生产，扩繁效率比自然繁殖高 25 ～ 40 倍。在内蒙古、河北等地建立了牛羊胚胎工厂化生产基地，肉羊胚胎生产规模居世界首位，年繁殖杜泊羊、萨福克羊等核心种羊量占国内总量的 80%，实现了牛羊良种核心种质的快速扩繁。三是发明了牛羊精准排卵控制技术。发现外源雌激素调节卵泡生长数量的重要规律，发明了"排卵数量可控、时间可控"的精准排卵控制技术。牛羊同期排卵率达 90% 以上，排双卵率分别比传统方案提高 84% 和 40%。创制氨基丁三醇前列腺素 F2α 等 3 个排卵调控药物，效价均达欧盟标准，价格比进口同类药低 30% ～ 70%，累计销售 3 500 万支以上，国内市场占有率超过 50%。研制了排卵控制—定时输精技术标准，利用自主药物产犊、产羔率分别达自然繁殖的 1.4 倍和 2.1 倍，实现了良种牛羊生产群的大批量扩繁。

天津奥群等规模化养殖场良种肉羊累计应用该技术 19 万只次。技术成果引领了牛羊快繁技术进步，推动我国牛羊种业发展和生产水平大幅提高。该技术荣获 2020 年国家技术发明奖二等奖。

（三）绵羊尾脂等外形和生产性状遗传机制研究取得重要进展

中国农业大学和新疆农垦科学院等单位的研究人员收集了覆盖亚洲、欧洲、非洲和中东的 16 个野羊亚洲摩弗伦、172 个当地品种个体和 60 个培育品种个体，进行高深度重测序，通过全基因组选择分析和基因组关联分析（GWAS），利用单核苷酸多态性（SNP）和拷贝数变异（CNV）分子标记，挖掘了一系列与驯化、重要表型形状和农业性状相关的候选基因，并检测到一些已经发生了明显等位基因频率差异分化的重要候选基因区域；另外，通过转录组数据分析，反转录 PCR（RT-PCR），实时荧光定量 PCR（qPCR）和免疫印迹（Western blot）等实验验证，发现 *PDGFD* 基因是影响绵羊尾部脂肪沉积的重要因果基因。揭示了绵羊的驯化、培育、各种重要表型（尾脂、角型、耳朵大小）以及农业性状（繁殖、产毛、产奶、产肉等）的遗传机制，为绵羊遗传学研究提供了宝贵的基因组资源，对未来分子辅助育种和家养绵羊的遗传改良也具有重要指导意义。该研究结果于 2020 年 6 月在国际知名学术期刊 *Nature Communications* 上在线发表。

（四）绵羊抵御肺炎的关键功能基因和气候适应性遗传机制研究取得重要进展

中国科学院动物研究所、新疆农垦科学院和中国农业大学等单位的研究人员，通过对来自 129 个家羊种群和所有 7 个野生近缘种（盘羊、亚洲摩弗伦、欧洲摩弗伦、乌利阿尔羊、雪羊、大角羊和瘦角羊）的 3 938 个样本以及 40 年 117 个气候变量的数据分析，揭示了野羊基因渗入增强了家羊的基因组多样性，从野生近缘种获得的等位基因变异为家羊提供了气候适应性，特别是家羊对肺炎的抗性。这些发现为本土家畜种群适应气候的进化机制提供了新见解。新生成的全基因组数据为绵羊的遗传改良提供了宝贵资源。该研究结果于 2020 年 9 月 17 日在国际知名学术期刊 *Molecular Biology and Evolution* 上在线发表。

蛋　鸡　篇

一、蛋鸡种业现状

蛋鸡种业是蛋鸡产业发展的基石，也是关乎国家畜牧业可持续发展的重要组成部分。我国国产优秀蛋鸡品种的培育与推广，打破了国外高产蛋鸡种源的垄断，目前已基本摆脱对引进品种的依赖。据中国畜牧业协会监测，2020年，在产祖代种鸡平均存栏同比减少6.9%，仍维持在50万套以上，完全可以满足父母代和商品代蛋鸡养殖市场需求；在产父母代蛋种鸡平均存栏1584.46万套，同比上升4.52%，商品代鸡苗销售11.44亿只，同比降低4.18%。

二、国家核心育种场和良种扩繁推广基地建设

自2012年《全国蛋鸡遗传改良计划（2012—2020）》发布实施以来，我国先后遴选出国家蛋鸡核心育种场5个、国家蛋鸡良种扩繁推广基地16个。2019年，农业农村部组织全国蛋鸡遗传改良计划工作领导小组办公室和专家组对2014年遴选出的5个核心育种场和10个良种扩繁推广基地进行了核验。2020年，5个核心育种场主推品种有12个，均为培育品种（配套系），育种核心群存栏数量为84 617只（表6-1）；16个良种扩繁推广基地主推品种超过17个，推广商品代雏鸡8.02亿只（表6-2），占全年全国商品代雏鸡销量的70.1%；自主培育品种商品代推广量超过1亿只的有京红1号、大午金凤，超过1 000万只的有京粉6号、京粉2号、京粉1号、

大午粉 1 号、农大 3 号、农大 5 号等。这些品种的大力推广，确保了国产品种商品鸡市场占有率超过 50%。我国以市场需求为导向，以企业育种为主体，以科教单位为支撑，育繁推一体化种业创新格局基本形成，良种供给保障能力大幅提升。

表 6-1　2020 年国家蛋鸡核心育种场品种与数量统计表

核心育种场序号	品种名称	核心群数量（只）
1	京红 1 号蛋鸡配套系 京粉 1 号蛋鸡配套系 京粉 2 号蛋鸡配套系 京白 1 号蛋鸡配套系 京粉 6 号蛋鸡配套系	23 507
2	农大 3 号小型蛋鸡配套系 农大 5 号小型蛋鸡配套系	15 800
3	京白 939 大午金凤蛋鸡配套系 大午粉 1 号蛋鸡配套系	21 010
4	苏禽绿壳蛋鸡配套系	9 600
5	凤达 1 号蛋鸡配套系	14 700
合计	12	84 617

表 6-2　2020 年国家蛋鸡良种扩繁推广基地品种情况统计表

序号	单位名称	入选时间	主推品种名称	推广数量（万只）
1	北京市华都峪口禽业有限责任公司父母代种鸡场	2014 年	京红 1 号、京粉 1 号、京粉 2 号、京粉 6 号、京白 1 号蛋鸡配套系	10 099
2	华裕农业科技有限公司高岳养殖示范基地	2014 年	海兰灰、海兰褐蛋鸡配套系	9 470
3	扬州翔龙禽业发展有限公司	2014 年	苏禽绿壳蛋鸡配套系	362
4	黄山德青源种禽有限公司	2014 年	海兰灰、海兰褐蛋鸡配套系	1 350
5	山东峪口禽业有限公司	2014 年	京红 1 号蛋鸡配套系	4 434

（续）

序号	单位名称	入选时间	主推品种名称	推广数量（万只）
6	河南省惠民禽业有限公司	2014 年	罗曼褐蛋鸡配套系	—
7	荆州市峪口禽业有限公司	2014 年	京红、京粉系列蛋鸡配套系	4 308
8	四川圣迪乐村生态食品股份有限公司	2014 年	罗曼粉蛋鸡配套系	5 170
9	四川省正鑫农业科技有限公司	2014 年	罗曼粉蛋鸡配套系	700
10	宁夏晓鸣农牧股份有限公司	2014 年	海兰白、海兰褐蛋鸡配套系	8 300
11	宁夏九三零生态农牧有限公司	2016 年	海兰褐、伊莎蛋鸡配套系	5 600
12	江西华裕家禽育种有限公司	2016 年	海兰白、海兰灰、海兰褐蛋鸡配套系	6 314
13	沈阳华美畜禽有限公司	2016 年	海兰褐蛋鸡配套系	5 025
14	河北大午农牧集团种禽有限公司	2016 年	大午金凤、京白 939、大午粉 1 号蛋鸡配套系	11 983
15	曲周县北农大禽业有限公司	2016 年	农大 3 号、农大 5 号小型蛋鸡配套系	5 860
16	云南云岭广大峪口禽业有限公司	2016 年	京红、京粉系列蛋鸡配套系	1 200
合计				80 175

三、改良计划实施以来育成的新品种、配套系

（一）2012—2020 年育成的新品种（配套系）

截至 2020 年底，我国通过国家审定的蛋鸡新品种有 1 个、配套系 21 个。其中，改良计划实施前审定的蛋鸡配套系有新杨褐壳蛋鸡、农大 3 号小型蛋鸡、京红 1 号蛋鸡、京粉 1 号蛋鸡、新杨白壳蛋鸡、新杨绿壳蛋鸡等 6 个。2012—2020 年，我国育成蛋鸡新品种（配套系）16 个，其中高产蛋鸡 7 个、地方特色蛋鸡 9 个，占我国已育成蛋鸡品种的 72.7%（表 6-3），完成了第一轮蛋鸡遗传改良计划规定的任务目标。

表 6-3　2012—2020 年期间我国自主培育的蛋鸡新品种（配套系）

序号	新品种（配套系）名称	培育单位	获得新品种证书时间
1	京粉 2 号蛋鸡配套系	北京市华都峪口禽业有限责任公司	2013 年
2	大午粉 1 号蛋鸡配套系	河北大午农牧集团种禽有限公司、中国农业大学	2013 年
3	苏禽绿壳蛋鸡配套系	江苏省家禽科学研究所、扬州翔龙禽业发展有限公司、中国农业大学	2013 年
4	粤禽皇 5 号蛋鸡配套系	广东粤禽种业有限公司、广东粤禽育种有限公司	2014 年
5	新杨黑羽蛋鸡配套系	上海家禽育种有限公司	2015 年
6	农大 5 号小型蛋鸡配套系	北京中农榜样蛋鸡育种有限责任公司、中国农业大学	2015 年
7	大午金凤蛋鸡配套系	河北大午农牧集团种禽有限公司、中国农业大学	2015 年
8	豫粉 1 号蛋鸡配套系	河南农业大学、河南三高农牧股份有限公司、河南省畜牧总站	2015 年
9	京白 1 号蛋鸡配套系	北京市华都峪口禽业有限责任公司	2016 年
10	栗园油鸡蛋鸡配套系	中国农业科学院北京畜牧兽医研究所、北京百年栗园生态农业有限公司、北京百年栗园油鸡繁育有限公司	2016 年
11	凤达 1 号蛋鸡配套系	荣达禽业股份有限公司、安徽农业大学	2016 年
12	欣华 2 号蛋鸡配套系	湖北欣华生态畜禽开发有限公司、华中农业大学	2016 年
13	京粉 6 号蛋鸡配套系	北京市华都峪口禽业有限责任公司、中国农业大学	2019 年
14	神丹 6 号绿壳蛋鸡配套系	湖北神丹健康食品有限公司、江苏省家禽科学研究所	2020 年
15	雪域白鸡	西藏自治区农牧科学院畜牧兽医研究所、拉萨市禽类良种研究保护推广中心	2020 年
16	大午褐蛋鸡配套系	河北大午农牧集团种禽有限公司、中国农业大学	2020 年

　　2020 年，雪域白鸡、神丹 6 号绿壳蛋鸡和大午褐蛋鸡 3 个蛋鸡新品种（配套系）通过国家审定。雪域白鸡是为适用西藏高原缺氧气候而培育的蛋鸡新品种，72 周龄产蛋数达 206 ～ 209 个，种蛋高原孵化率达 75% 以上，

克服了地方藏鸡品种生长周期长、生产性能低下，不适合规模化养殖的缺点，也弥补了外来高产蛋鸡品种不适应高原气候的缺点。神丹6号绿壳蛋鸡配套系，为黑羽青脚，产绿壳鸡蛋，蛋品质优、蛋黄比例大，蛋黄中不饱和脂肪酸和磷脂浓度较高，产生的风味物质含量更高，丰富了市场对鸡蛋多样化的需求。大午褐蛋鸡配套系生产大型褐壳鸡蛋，具有产蛋率高、蛋品质好、效益高的特点。

（二）新品种（配套系）的生产性能

1. 高产蛋鸡主要性能指标

2012—2020年我国自主培育的7个高产蛋鸡品种从蛋壳颜色和节粮性能上可分为高产褐壳蛋鸡1个、高产白壳蛋鸡1个、高产粉壳蛋鸡4个和高产节粮型蛋鸡1个（粉壳）；部分品种的生产性能已达国外同类品种的先进水平。

2. 地方特色蛋鸡主要性能指标

2012—2020年我国自主培育的9个地方特色蛋鸡可分为绿壳蛋鸡类（2个）、节粮型蛋鸡类（4个）、使用贵妃鸡配套系（2个）、雪域白鸡。地方特色蛋鸡与同类型地方鸡种相比，生产性能提高幅度很大。以绿壳蛋鸡为例，72周龄苏禽绿壳蛋鸡、神丹6号绿壳蛋鸡的产蛋数分别比东乡绿壳蛋鸡、麻城绿壳蛋鸡、长顺绿壳蛋鸡3个品种平均产蛋数高79和110个。

四、选育与遗传进展分析

（一）选育工作

1. 育种目标

各育种单位根据自身条件、区域性或全国性市场需求，确定品种选育方向和育种目标。高产蛋鸡品种的育种目标，尤其是产蛋数和（或）蛋重等基本都是对标同类国外品种。近年来我国粉壳蛋鸡饲养量已接近饲养总量的60%，并育成了5个高产粉壳蛋鸡品种。

2. 品系选育

2020 年 5 个国家核心育种场共选育蛋鸡品系超过 40 个。北京市华都峪口禽业有限责任公司主选 Y1、Y2、Y3、Y4、Y7、K1、K2、K3、K5 等 9 个品系，分别在 1 日龄、10 周龄、44 周龄及 80 周龄进行选种。河北大午农牧集团种禽有限公司主要对大午金凤、大午褐等品种涉及品系及矮小型蛋用品系和高产芦花羽品系进行选育。北京中农榜样蛋鸡育种有限责任公司主选 W、D、C、Wb、E、F 等 6 个品系。扬州翔龙禽业发展有限公司主选 5 类 10 个品系，包括矮小蛋鸡品系 1 个（A1），黄脚黄羽蛋鸡品系 2 个（C3、C4），绿壳蛋鸡品系 3 个（L1、L2、L3），青脚麻羽蛋鸡品系 2 个（M1、M2），高产蛋鸡品系 2 个（G1、G2）。安徽荣达禽业股份有限公司主选"凤达 1 号"蛋鸡 R1、D1、D3 共 3 个品系以及其他 2 个品系。

3. 主选性状

育种单位对蛋鸡育种关注的性状越来越多，主要分为外貌特征性状，包括羽速、羽色、肤色、跖色、冠大小、毛密度等；生产性能性状，包括开产日龄、产蛋数、蛋重，饲料转化率，成活率，受精率、孵化率，成年体重，骨骼性状；蛋品质性状，包括蛋形、蛋壳颜色、蛋壳强度、哈氏单位、蛋黄比率、蛋黄膜张力；其他性状，包括群居适应性、粪便含水率等。高产蛋鸡主选性状多为羽速、羽色等自别雌雄性状、产蛋数、蛋重、蛋壳强度、蛋壳颜色、饲料转化率、成活率等；地方特色蛋鸡主选性状多为羽色、肤色、胫色，产蛋数、蛋重、蛋壳颜色、蛋壳强度、蛋黄比例、成年体重、成活率等。因各育种单位育种硬件条件、育种素材、对当前和未来市场需求认知、性能测定与数据收集、选择方法等不同，主选性状以及性状选择压的分配方面差别较大，造成了各品种生产性能的差异。这种差异主要表现在非传统关注性状和性状细节处理方面，如出现后期蛋壳品质下降的时间早晚。因为各育种单位都特别注重对产蛋数及蛋重的选育，所以国内外高产蛋鸡品种在产蛋量方面基本相同，甚至于我国培育的粉壳蛋鸡品种产蛋性能超过了国外引进品种。目前北京市华都峪口禽业有限责任公司开始运用统筹学原理和边际分析方法来确定目标性状及性状在不同阶段的选择压。

4. 选择技术

目前，对羽速、羽色、蛋壳颜色及体重、蛋重、蛋壳品质等高遗传力性状或质量性状普遍采用个体选择法，两个绿壳蛋鸡品种的蛋壳颜色和大午金凤、京粉 6 号蛋鸡的红羽特征等性状均采用了标记辅助选择技术；产蛋数等低遗传力性状在改良计划实施初期多采用家系结合家系内选择法，近几年开始采用 BLUP 育种值估计选择方法（最佳线性无偏预测），北京市华都峪口禽业有限责任公司已对部分品系公鸡采用基因组选择技术；多性状选择综合指数法和 BLUP 法也有个别单位应用。随着选择方法越来越科学，选择技术越来越先进，选择准确性越来越高。为应对逐渐延长的产蛋利用期，北京市华都峪口禽业有限责任公司育种核心群测定已延长至 80 周龄，产蛋数和蛋壳质量等性状的两阶段选择已成为蛋鸡选种趋势。

5. 性能测定

随着改良计划实施，核心群饲养条件逐步得到改善，性能测定采用快捷准确的设施设备。目前，大部分育种企业的产蛋数记录已实现无纸化，通过刷卡或扫码方式即可记录每只母鸡每天的产蛋情况，电脑中会自动保存每只鸡的产蛋记录，全部完成之后自动录入育种软件。对于蛋品质的测定，使用全自动的蛋品质测定仪、蛋壳强度测定仪、蛋型指数测定仪、蛋壳颜色测定仪器等，这些仪器都能够自动记录每个蛋测定结果，自动将结果录入电脑的系统中，达到准确且省时省力的目的。开发了育种分析系统，能够将收集到的所有数据按照管理者的要求输入和调出，进行分析总结，计算性状的遗传参数、各家系成绩、群体平均值、标准差、变异系数等基本参数。

（二）遗传进展分析

与上世代相比，本世代主选性状中绝大多数指标的改进量符合科学性，但也存在有些单位部分性状改进量不大或改进量大于理论改进量的情况，原因可能是有关性状的选择压低或者世代间饲养管理条件发生较大变化。北京市华都峪口禽业有限责任公司 9 个品系 80 周龄产蛋数增加了

1.3 ～ 2.9 个；80 周龄蛋重有 4 个品系维持，5 个品系增加了 0.4 ～ 0.9 克；80 周龄体重除 1 个品系基本不变外，8 个品系增加了 22 ～ 57 克；5 个洛岛红品系蛋壳颜色 L* 值降低 0.26 ～ 1.03，均有加深；9 个品系蛋壳强度增加了 0.060 ～ 0.264 千克 / 平方厘米。北京中农榜样蛋鸡育种有限责任公司 6 个品系开产日龄 2 个维持，4 个品系提早 0.4 ～ 2 天；6 个品系 43 周龄产蛋数增加 0.4 ～ 2.3 个；农大 3 号父本、农大 5 号母本蛋壳颜色 L* 值降低 1.1 ～ 2.0。扬州翔龙禽业发展有限公司 10 个品系开产日龄提早 0.3 ～ 4.6 天；40 周龄产蛋数增加 0.7 ～ 3.9 个；40 周龄蛋重增加 0.1 ～ 2.7 克。安徽荣达禽业股份有限公司 4 个品系开产日龄提早 0.7 ～ 4 天；43 周龄产蛋数增加 0.5 ～ 1.9 个；43 周龄蛋重增加 0.2 ～ 0.4 克。

经持续选育，改良计划实施前的育成品种 72 周龄产蛋数增加了 10 ～ 12 个，料蛋比降低 0.2 ～ 0.3，死淘率降低 3 ～ 3.5 个百分点；改良计划实施期间育成的品种，生产性能起点高，遗传改良效果明显。据《京红 1 号蛋鸡饲养管理手册》（2020 年版），72 周龄产蛋（HD）20.4 千克、331 个，产蛋期料蛋比 2.08∶1（日均耗料 111 克），产蛋期成活率 96.6%，72 周龄体重 2.08 千克，再次证实我国高产蛋鸡生产性能已达到国际先进水平。

五、供种能力提升

根据对 5 家国家蛋鸡核心育种场和 15 个国家蛋鸡良种扩繁推广基地的年度统计，2020 年祖代种鸡平均存栏约 66.0 万套，比 2019 年减少 3.7 万套，同比下降 5.3%；销售父母代种鸡约 971 万套，比 2019 年增加 35 万套，同比增长 3.7%；父母代种鸡平均存栏约 1 227.6 万套，比 2019 年增加 101 万套，同比增长 9.0%；销售商品代雏鸡约 8.02 亿只，比 2019 年增加 5 577.7 万只，同比增长 7.48%。总体看，祖代种鸡的制种能力远超需要，近年来在不断地理性缩减规模，同时祖代种鸡利用效率在不断提高（图 6-1）。由此可见，国家蛋鸡良种扩繁基地在保障市场商品蛋鸡供给方面发挥着越来越重要的作用。

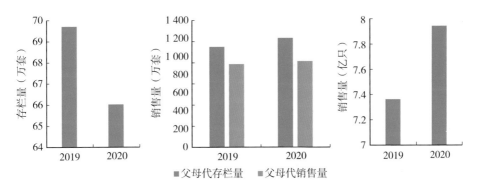

图6-1 国家蛋鸡核心育种场及扩繁推广基地祖代存栏量（左）、

父母代存栏及销售量（中）及商品代销售量（右）

六、蛋种鸡重大或重要疫病净化

蛋种鸡垂直传播疫病严重危害蛋鸡业的健康发展。除了采取综合性防控措施外，通过种禽疫病净化切断病原垂直传播途径至关重要。禽白血病、鸡白痢及近年来流行的滑液囊支原体病是当前危害我国蛋鸡产业发展最严重的垂直传播疫病。实施蛋鸡垂直传播疫病的净化，是保障种源安全的关键所在。

（一）国家蛋鸡核心育种场垂直传播疫病净化

垂直传播疫病净化是一项持续系统工程，2020年国家核心育种场对鸡白痢和禽白血病开展了持续净化，并实施净化维持方案，效果显著。

1. 鸡白痢净化

鸡白痢主要采用平板凝集试验方法进行检测，并淘汰阳性鸡只。根据育种企业监测，2020年度蛋鸡育种企业核心育种场的鸡白痢净化效果显著，其中83.3%的品系鸡群阳性率保持为0，其余品系核心群鸡白痢阳性率为0.07%～0.13%。

2. 禽白血病净化

禽白血病主要是在1日龄、育雏后期、开产前和留种前四个阶段对

P27 抗原进行检测。2020 年度 63.3% 的品系鸡群禽白血病阳性率保持为 0，净化效果维持较好。其余高产蛋鸡品系阳性率为 0.01% ～ 0.02%，总体上地方鸡种的阳性率略高，为 0.05% ～ 0.65%，净化效果比 2019 年度有所改进。

（二）国家良种扩繁推广基地垂直传播疫病净化

自 2014 年开始实施《全国蛋鸡遗传改良计划（2012—2020）》后，国家良种扩繁推广基地从源头上推进疫病净化工作，在祖代开展实施了鸡白痢净化，经过 5 年的努力，目前鸡白痢阳性率基本控制在 0.1% 以下。部分场鸡白痢、鸡伤寒监测均为阴性。

在禽白血病净化方面，2020 年，部分扩繁场检测均为阴性，其他扩繁场检测结果达到规定要求。此外，有 3 个扩繁场开展了鸡滑液囊支原体（MS）净化工作，通过生物安全、药物筛选和疫苗使用等措施，成功控制了 MS，保证了雏鸡健康，企业供应商品代雏鸡的 MS 发病率比较低。

七、蛋鸡遗传改良科研进展

2020 年针对蛋鸡经济性状改良、遗传机制解析、蛋鸡全基因组选择等领域均有所进展。

（一）升级蛋鸡 SNP 芯片"凤芯壹号"

利用全基因组关联分析（GWAS）研究成果、鸡 QTL 数据库、OMIA 数据库（有关动物基因和遗传病的数据库），以及目标品种的全基因组重测序数据，更新了芯片中的重要 QTL 区段位点、重要质量与经济性状位点。芯片位点的更新换代一方面提高了芯片的使用效率，获得更多可用的基因组信息，同时按照育种需要调整芯片位点，提升了选种准确性。该成果已应用于北京市华都峪口家禽育种有限公司纯系的基因组选择工作中，显著提高了产蛋数和蛋品质性状。

（二）鉴定到一批重要经济性状的候选基因

应用 GWAS 鉴定到骨骼生长性状候选基因，包括 HTR2A、LPAR6、CAB39L 等；鉴定出与蛋用型贵妃鸡蛋壳强度和蛋壳比例显著相关的候选基因 RABGAP1、LMBNL3 和 TMEM117。针对不同等级卵泡发育的转录组测序，筛选到 AMH、FSHB、SORL1 等基因。通过蛋白互作网络分析（PPI）筛选并鉴定到 8 个与固始鸡高峰产蛋数和繁殖激素显著相关的关键候选基因，主要参与促性腺激素释放激素（GNRH）的分泌调控，鉴定到 PCNT、DDB2 蛋白可作为不同遗传背景 ALV-J（禽白血病 J 亚群病毒）感染后的潜在免疫标记物。

（三）解析与遗传改良相关作用机制

通过 ATAC-seq 技术（使用测序法测定轻座酶可及性染色质技术）发现雌性鸡胚性腺不对称发育过程中的表观修饰作用；构建鸡卵泡发育的 circRNA-miRNA-mRNA（环状 RNA- 微小 RNA- 信使 RNA，此分子调控网络可以为新型疾病的预防、诊断和治疗领域提供新见解）分子调控网络；对纯种和杂交群体卵巢组织中竞争内源性 RNA 的表达模式进行研究，发现非加性表达的 RNAs 对脂质代谢、能量稳态和氧化应激相关途径有作用；通过转录组测序和蛋白质组学等技术，探究鸡精子 RNA 表达谱及其在精子活力调控中的新功能，发现氧化应激损伤可引起精子顶体和质膜损伤、线粒体功能障碍，导致精子活力低下；发现 FABP4（脂肪酸结合蛋白 4，可能会调节肿瘤进展）的血浆水平与产蛋后期蛋鸡脂肪肝等级呈正相关，表明 FABP4 可能是 FLHS（脂肪肝出血综合征）的潜在诊断指标。

肉 鸡 篇

一、肉鸡遗传改良现状

《全国肉鸡遗传改良计划（2014—2025）》的实施对产业发展发挥了重要的支撑作用，促进了基因组选择技术、采食量自动测定系统为代表的一批育种新技术在国家核心育种场的示范应用，带动了全国育种企业育种水平的整体提升，性状遗传改良进展加快，涌现出一批特征明显、性能优异、市场占有率高的新品种、配套系，提高了我国肉鸡种业的核心竞争力。特别是以福建圣农发展股份有限公司和广东新广农牧有限公司为代表的部分企业白羽肉鸡新品种培育取得重大进展，有望解决我国白羽肉鸡种源依赖引进问题。

二、国家核心育种场和良种扩繁推广基地建设

2014 年以来，在全国肉鸡遗传改良计划的推动下，经过遴选，分别有 18 家和 17 家企业分别获得国家肉鸡核心育种场及良种扩繁推广基地资格。2020 年，农业农村部组织全国肉鸡遗传改良计划工作领导小组办公室和专家组对到期的国家核心育种场、良种扩繁推广基地进行了核验。根据核验结果，广东温氏南方家禽育种有限公司等 33 家企业通过核验，有效期 5 年。安徽五星食品股份有限公司未通过核验，取消资格。此次核验工作，有利于进一步加强对国家核心育种场的监督管理，加大政策扶持引导，调动企业开展育种工作积极性，不断提升育种能力和良种性能水平。

截至 2020 年底，17 家国家核心育种场存栏主推品种 26 个，其中培育

配套系 25 个，育种核心群数量为 435 174 只（表 7-1）。16 家良种扩繁推广基地 2020 年主推品种（配套系）19 个，推广商品代肉鸡 295 945 万只（表 7-2）。

表 7-1 2020 年国家肉鸡核心育种场主推品种与数量统计表

序号	品种名称	核心群数量（只）
1	邵伯鸡配套系	21 932
2	雪山鸡配套系	39 508
3	光大梅黄 1 号配套系	12 255
4	三高青脚黄鸡 3 号	42 000
5	新兴矮脚黄鸡配套系、天露黄鸡配套系、新兴竹丝鸡 3 号配套系	35 645
6	清远麻鸡、天农麻鸡配套系	21 138
7	金种麻黄鸡	20 337
8	江村黄 JH-2 号配套系、江村黄 JH-3 号配套系、金钱麻鸡 1 号配套系	19 200
9	新广铁脚麻鸡、新广黄鸡 K996	58 942
10	南海麻黄鸡 1 号	21 017
11	墟岗黄鸡 1 号配套系	5 383
12	金陵黄鸡配套系、金陵麻鸡配套系、金陵花鸡配套系	41 617
13	潭牛鸡配套系	13 707
14	大恒 699 肉鸡配套系	13 467
15	鸿光黑鸡配套系、鸿光麻鸡配套系	40 111
16	科朗麻黄鸡配套系	16 590
17	温氏青脚麻鸡 2 号配套系	12 325
合计		435 174

表 7-2 2020 年国家肉鸡良种扩繁推广基地品种商品代推广情况

序号	品种名称	推广数量（万只）
1	罗斯 308	17 916
2	雪山鸡配套系	7 400
3	爱拔益加	93 500
4	罗斯 308	50 003

（续）

序号	品种名称	推广数量（万只）
5	哈伯德（利丰）	48 358.3
6	良凤花鸡配套系	3 750
7	天露黄鸡、新兴矮脚黄鸡配套系	19 580
8	天农麻鸡配套系	6 990
9	金钱麻鸡 1 号配套系	2 958.9
10	南海麻黄鸡 1 号	4 500
11	墟岗黄鸡 1 号配套系	4 384
12	金陵黑凤鸡配套系、金陵麻鸡配套系、金陵花鸡配套系	8 058.6
13	潭牛鸡配套系	6 000
14	新广铁脚麻鸡	8 000
15	鸿光黑鸡配套系、鸿光麻鸡配套系	9 345.7
16	科朗麻黄鸡配套系	5 200
合计		295 945

　　根据有关规定，经企业申请，依据企业所在省畜禽种业主管部门出具的证明材料，江苏省家禽科学研究所家禽育种中心等 4 家国家畜禽核心育种场和良种扩繁推广基地变更单位名称（表 7-3）。

表 7-3　国家肉鸡核心育种场和良种扩繁推广基地单位名称变更名单

原名称	变更后名称
江苏省家禽科学研究所家禽育种中心	江苏省家禽科学研究所科技创新中心
浙江光大种禽有限公司	浙江光大农业科技发展有限公司
鹤山市墟岗黄畜牧有限公司	广东墟岗黄家禽种业集团有限公司
广东天农食品有限公司	广东天农食品集团股份有限公司

三、生产性能测定与遗传进展分析

　　2020 年肉鸡遗传改良计划执行过程中，各核心场重点品系、配套系生产性能取得明显进展。尤其是广泛使用的矮小型品系、隐性白羽鸡品系等的饲料转化效率、种鸡产蛋数等主要性能，均取得显著的遗传进展。

（一）矮小型品系的遗传进展情况

矮小型鸡具有肉质优良、低饲料消耗、低基础代谢率、高产蛋率和经济效益等育种价值，在配套系中应用矮小型鸡可有效降低基础代谢，提高饲料转化效率。利用矮小型鸡为素材通过国家品种审定的配套系主要有新兴矮脚黄鸡、金钱麻鸡1号、墟岗黄鸡1号和邵伯鸡等。经过几个世代的培育，矮小型品系的生产性能、繁殖性能都得到显著提高，相较于2014年体重都有不同程度的增长，体重增长幅度最大的增长了15.9%；产蛋数也有增加，其中增加最多的是金钱麻鸡M系；体重均匀度提高了8%～10%；饲料转化率（FCR）降低1%。

1. 新兴矮脚黄鸡配套系

新兴矮脚黄鸡是由N306♂×（N208♂×N202♀）三系配套制种，其中N306是矮小型品系，该配套系于2002年通过国家审定。2020年新兴矮脚黄鸡祖代和父母代开产体重分别为2 000克和2 050克，高峰期产蛋率分别为93%和92%，66周龄入舍母鸡产合格种蛋数分别为172个和170个，育雏育成期成活率为98%，商品代成活率94%、饲料转化率2.55。

新兴矮脚黄鸡第二父本N306品系携带矮小型基因，该品系77日龄公鸡和63日龄母鸡体重分别提高至2 392克和1 668克，比2014年分别提高372克和196克，平均每世代分别提高了62克和33克；体重均匀度分别为88.2%和86.8%，比2014分别提高了10%和8%，42～77日龄期间料肉比分别是2.93和3.41，与2014年相比分别下降0.25和0.2，平均每个世代分别下降0.04和0.03（图7-1）。

2. 金钱麻鸡1号配套系

金钱麻鸡1号配套系是由M3♂×（M♂×G♀）三系组成的中速型肉鸡，其中M系为矮小型品系，该配套系于2010年通过国家审定。2020

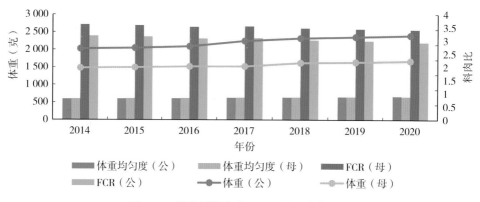

图 7-1　新兴矮脚黄鸡 N306 品系遗传进展

年金钱麻鸡 1 号配套系祖代和父母代 5% 开产周龄分别为 22 ～ 23 周、24 ～ 25 周，开产体重分别为 1 645 克和 1 540 克，高峰期产蛋率分别为 85% ～ 86% 和 86% ～ 87%，66 周龄入舍母鸡产蛋数分别为 175.3 个和 176.4 个，入舍母鸡产合格种蛋数分别为 168.4 个和 168.3 个，入舍母鸡产健雏数分别为 155.6 只和 132.8 只，育雏育成期成活率为 97.5% ～ 99%，产蛋期成活率为 96% ～ 97%。商品代肉公鸡和母鸡的出栏时间分别为 73 ～ 78 日龄和 70 ～ 72 日龄，公鸡和母鸡出栏体重分别为 1 700 克和 1 750 克，饲料转化率为 2.4 和 2.6，成活率 95% 和 97%。

金钱麻鸡 1 号配套系第一父本 M 系是矮小型品系，该品系 2020 年公鸡和母鸡 70 日龄体重分别为 1 550 克和 1 320 克，与 2014 年相比分别提高 42 克和 40 克，体重变异系数分别为 6.23% 和 6.34%，比 2014 年下降 0.4%，群体均匀度高，56 周龄入舍母鸡合格蛋数是 164.9 个，与 2015 年相比提高了 5.4 个，平均每个世代提高 1.1 个（图 7-2）。

3. 墟岗黄鸡 1 号配套系

墟岗黄鸡 1 号是由 502♂ ×（209♂ × 403♀）三系配套制种，其中 209 品系是矮小型品系，该品系 2009 年通过国家品种审定。2020 年父母代开产体重 1 750 克，高峰期产蛋率 86.6%，入舍母鸡 66 周龄产蛋数 204.5 个，66 周龄体重 2 485 克，商品代出栏时间为 49 日龄，出栏体重 1 590 克，饲料转化率 1.99。

图 7-2　金钱麻鸡 1 号配套系 M 系遗传进展

墟岗黄鸡 1 号第一父本 209 系是矮小型品系，经过几个世代的选育，生产性状和繁殖性能都有缓慢的增长，2020 年 43 周龄公鸡和母鸡体重分别是 2 876 克和 2 185 克，与 2014 年相比分别提高了 63 克和 17 克，变异系数在 6.1%～7.2%，群体均匀度高，43 周龄入舍母鸡产蛋数提高至 96.1 个，与 2014 年相比提高了 1.2 个，66 周入舍母鸡产蛋数提高至 195.7 个，与 2014 年相比提高了 0.9 个，入孵蛋孵化率提高至 85.2%，与 2015 年相比提高了 1%，受精率则维持在 92%～93%（图 7-3）。

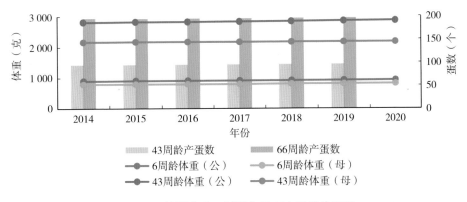

图 7-3　墟岗黄鸡 1 号配套系 209 系遗传进展

4. 邵伯鸡配套系

邵伯鸡是由 Y♂×S2♀二系配套组成的青脚麻羽型肉鸡，其中 S2 系为矮小型品系，配套系 2005 年通过国家审定。

　　矮小型品系S2系2020年10周龄公鸡体重为992.5克，母鸡体重为786.2克，比2014年分别增长了24.9克和15.0克。10周龄公鸡和母鸡体重变异系数分别为9.2%和9.9%，比2014年分别降低了2.8%和3.2%，43周龄体重分别为2 203.5克和1 627.5克，比2014年分别提高了17.5克和9.3克，整齐度分别提高了2.8%和3.2%，比2014年5%开产日龄提早4.3天，5%开产体重降低11.6克，开产蛋重降低1.5克，43周产蛋数提高3.4个，种蛋受精率和受精蛋孵化率分别提升了1.3%和2.2%，0～16周存活率和17～66周存活率提升了2.1%（图7-4）。

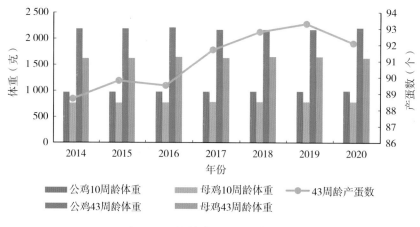

图7-4　邵伯鸡S2系遗传进展

（二）隐性白羽鸡品系的遗传进展

　　隐性白羽鸡体质健壮，性情温驯，早期生长速度适中，繁殖性能较好。利用隐性白羽鸡品系与地方鸡种杂交，其后代生长速度快、饲料转化率高，外貌、体型及肉质与所杂交的地方鸡种相似。利用隐性白羽鸡育成的配套系主要有新广铁脚麻鸡、金陵麻鸡和金陵黑凤鸡等。经过几年的培育，隐性白羽鸡品系的生产性能、繁殖性能都有明显提升，体重比2014年增加了3%～6%，产蛋数增加了1～3个，孵化率约91%，受精率约95%，成活率在92%以上，应用该品系培育的商品代饲料转化率降低0.05。

1. 新广铁脚麻鸡配套系

新广铁脚麻鸡是由 E♂×（D♂×C♀）三系配套培育的快速型麻羽鸡，其中 C 系为隐性白羽鸡，D 系为矮小型鸡，配套系在 2011 年通过国家品种审定。该配套系 0～18 周成活率 98%，开产体重 1 715 克，66 周龄饲养日产蛋数 173 个，种蛋受精率 94%～96%，受精蛋孵化率 93%～95%，66 周龄提供鸡苗数 154 羽，20～66 周成活率 92%，20～66 周日均采食量 106 克，高峰期产蛋率从 81% 提高到 82.1%。商品代雏鸡全部为麻羽黑脚。公鸡羽毛红褐色、黑脚、白皮肤，母鸡麻羽、黑脚、白皮肤。出栏日龄 77 天，出栏体重 2 950 克，料肉比 2.8。

隐性白羽鸡品系 C 系，胸腿肌发达，脚高胫粗，体型高大健壮。0～18 周成活率 98%，开产体重 3 000 克，66 周龄饲养日产蛋 175～180 个，种蛋受精率 91%，受精蛋孵化率 93%～95%，66 周龄提供鸡苗数 142 羽。

2. 金陵麻鸡和金陵黑凤鸡配套系

金陵麻鸡和金陵黑凤鸡是由广西金陵农牧集团有限公司培育的肉用型配套系。金陵麻鸡 2009 年通过国家审定，其中第一母本是隐性白鸡。金陵黑凤鸡是由本土乌鸡、黑羽矮脚鸡及隐性白羽种鸡培育的配套系，于2019 年通过国家新品种审定。

与 2014 年相比，2020 年金陵麻鸡和金陵黑凤鸡的祖代、父母代开产体重、商品代出栏体重有明显的提升，增长幅度在 75～195 克，66周龄饲养日产蛋数增加了 1～3 个，商品代饲料转化率有缓慢地下降（表 7-4）。

表 7-4　金陵麻鸡和金陵黑凤鸡选育遗传进展

代次	性能指标	金陵麻鸡			金陵黑凤鸡		
		2014	2020	表型进展	2014	2020	表型进展
祖代	开产体重（克）	2 350	2 475	125	1 650	1 750	100
	66 周龄饲养日产蛋数（个）	144	145	1	175	178	3
	20～66 周日均采食量（克）	130	131	1	98	99	1

（续）

代次	性能指标	金陵麻鸡			金陵黑凤鸡		
		2014	2020	表型进展	2014	2020	表型进展
父母代	开产体重（克）	2 400	2 475	75	1 715	1 800	85
	66周龄饲养日产蛋数（个）	168	170	2	178	180	2
	20～66周日均采食量（克）	129	130	1	98	98	0
商品代	公鸡出栏日龄（天）	70	70	0	70	70	0
	公鸡出栏体重（克）	2 955	3 150	195	2 150	2 250	100
	公鸡饲料转化率	2.35～2.55	2.30～2.50	-0.05	2.35～2.45	2.30～2.40	-0.05
	母鸡出栏日龄（天）	70	70	0	70	70	0
	母鸡出栏体重（克）	2 400	2 500	100	1 650	1 750	100
	母鸡饲料转化率	2.55～2.75	2.50～2.70	-0.05	2.45～2.55	2.40～2.50	-0.05

（三）罗斯和爱拔益加肉鸡的遗传进展

饲养引进罗斯308和爱拔益加品种的企业有福建圣农发展股份有限公司、江苏京海禽业集团有限公司、山东益生种畜禽股份有限公司和河北飞龙家禽育种有限公司。

2019年，爱拔益加父系开产体重保持在3 190克，母系开产体重保持在2 930克，父系和母系0～18周成活率分别为94.9%和95.5%，比2014年分别增长了2.1%和1.9%。43周龄和66周龄饲养日产蛋数分别为99.61个和172.52个，比2014年分别提高了8.72个和10.02个。受精蛋孵化率分别为90.59%和91.95%，比2014年父系提高了2.11%，母系降低了1.65%。种蛋受精率分别为87.33%和89.92%，比2014年分别提高了3.56%和5.65%。43周龄和66周龄提供鸡苗数分别为70.37只和132.04只，比2014年分别提高10.21只和16.44只，20～66周成活率分别为81.15%和82.83%，比2014年分别提高了5.12%和4.5%。20～66周日均采食量分别为149.9克/天和147.4克/天，比2014年分别减少了1.4克/天和

2.7 克 / 天。

罗斯 308 父母代种鸡 5 年平均生产指标：25 周成活率 93.81%，入舍母鸡 66 周平均每只产合格种蛋 166.35 个，平均受精率 90.8%，生产健雏 137.4 只。商品代肉鸡 5 年平均生产性能：39～41 天出栏体重达 2 200～2 440 克，料重比 1.64～1.68，成活率 94.2%。

（四）重点品系生产性能选育进展分析

1. 温氏 3 个重点品系 300 日龄产蛋数选育进展分析

表 7-5 为温氏 3 个开展产蛋数遗传改良的重点品系的进展情况分析。这 3 个重点品系分别作为新兴麻鸡 4 号、温氏麻黄鸡和天露黄鸡等配套系的母系。

表 7-5　温氏 3 个品系 300 日龄产蛋数选育进展分析

品系	世代	300 日龄总蛋数（个）	Va	表型值进展
502	9	102.0	—	—
	10	104.6	78.36	2.6
	11	104.4	109.11	−0.2
	12	108.9	82.15	4.5
	13	112.0	38.87	3.1
701	16	110.9	—	—
	17	118.0	56.88	7.1
	18	119.3	61.86	1.3
	19	120.8	55.90	1.5
	20	119.8	75.02	−1.0
416	7	105.6	82.76	—
	8	110.6	—	5.0
	9	106.7	117.13	−3.9
	10	119.2	90.05	12.5
	11	120.4	63.51	1.2

注：表中的 Va 表示加性效应值。

2. 岭南黄鸡 2 个重点品系生长速度遗传进展分析

表 7-6 和表 7-7 是岭南黄鸡系列配套系中 B3 和 C1 两个品系生长速度

选育进展分析结果。

表7-6　B3品系生长速度的遗传进展

B3	世代	5周体重（克）	标准差	遗传进展
公鸡	3	865	79.32	10.49
	4	890	79.21	21.53
	5	965	86.85	9.60
	6	909	76.45	14.03
	7	1 001	86.59	21.20
	8	1 052	94.57	23.41
B3	世代	5周体重（克）	标准差	遗传进展
母鸡	3	731	74.78	4.99
	4	800	62.72	14.41
	5	812	72.27	12.22
	6	785	69.16	9.13
	7	866	81.14	17.63
	8	927	83.99	19.62

注：表中的遗传进展表示估计育种值的进展。

表7-7　C1品系生长速度遗传进展

C1	世代	6周体重（克）	标准差	遗传进展
公鸡	6	604	56.19	25.52
	7	634	61.87	6.56
	8	680	67.26	14.26
	9	663	63.74	6.75
	10	745	71.09	7.53
C1	世代	6周体重（克）	标准差	遗传进展
母鸡	6	525	48.98	9.08
	7	523	49.61	19.15
	8	545	49.76	13.83
	9	575	55.22	17.05
	10	673	61.27	8.66

注：表中的遗传进展表示估计育种值的进展。

四、供种能力提升

2020 年全国白羽肉鸡出栏 49.2 亿只，同比增长 11.4%；黄羽肉鸡出栏 44.2 亿只，同比减少 2.2%；小型白羽肉鸡出栏 16.7 亿只，同比增长 8.8%；三种类型出栏占比分别为 44.7%、40.1% 和 15.2%（图 7-5）。

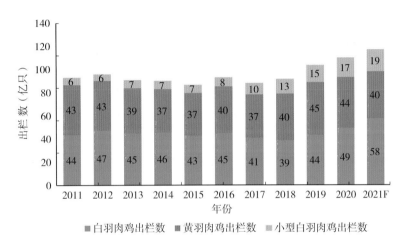

图 7-5 2011—2020 年肉鸡出栏量变化情况

注：2021F 为预测数。

根据中国畜牧业协会监测数据，2020 年白羽肉鸡祖代种鸡平均存栏 163.3 万套，同比增长 17.2%；平均在产存栏 105.5 万套，父母代种雏供应量同比增长 24.3%。2020 年末祖代种鸡存栏 160.9 万套，其中在产存栏 107.3 万套，后备存栏 53.6 万套。祖代种鸡全年更新 100.3 万套，同比下降 18.0%。其中，进口 73.1 万套，较 2019 年减少 26.2 万套，占 72.9%；国内繁育 27.2 万套，比 2019 年增加 10.0 万套，占 27.1%。2020 年全年商品雏鸡销售 52.2 亿只，同比增加 12.1%。

2020 年黄羽肉鸡祖代种鸡平均存栏 219.4 万套，同比增加 4.7%；平均在产存栏 153.4 万套，父母代种雏供应量减少 7.4%。2020 年末祖代种鸡存栏 203.4 万套，其中在产存栏 142.2 万套，后备存栏 61.2 万套。祖代鸡全年更新约 227.1 万套，较 2019 年减少约 1.6 万套。2020 年商品代雏鸡供应量 44.2 亿只，同比减少 9.8%。

（一）黄羽肉鸡供种能力

根据《国家畜禽遗传资源品种名录（2021 年版）》，现有地方鸡品种 115 个，培育品种 5 个、培育肉用配套系 58 个。

广东温氏南方家禽育种有限公司、广州市江丰实业股份有限公司福和种鸡场、广东墟岗黄种业集团有限公司等 9 家国家肉鸡良种扩繁推广基地 2019 年共生产商品代肉鸡 56 443.8 万只，比 2018 年增加 3 763.6 万只（表 7-8）。

表 7-8　部分国家肉鸡良种扩繁推广基地主推品种商品代推广情况（万只）

序号	主推品种	2018 年	2019 年	2020 年
1	天露黄鸡配套系，新兴矮脚黄鸡配套系，新兴竹丝鸡 3 号配套系	22 550	21 470	19 580
2	江村黄 JH-2 号配套系，江村黄 JH-3 号配套系，金钱麻鸡 1 号配套系	3 205	3 304	2 958.9
3	墟岗黄鸡 1 号配套系	1 557	2 415	4 384
4	邵伯鸡配套系	511.2	707.6	402.3
5	雪山鸡配套系	6 463	6 537	7 400
6	金陵麻鸡配套系，金陵黑凤鸡配套系，金陵花鸡配套系	6 038	6 860	8 058.62
7	潭牛鸡配套系	6 100	6 000	6 000
8	三高青脚黄鸡 3 号配套系	2 536	3 246	3 910
9	良凤花鸡配套系，天露黄鸡配套系，天露黑鸡配套系，青脚麻鸡 2 号配套系	3 720	3 754	3 750
合　计		52 680.2	54 293.6	56 443.8

近三年出栏数量超过 5 000 万只的有广东温氏南方家禽育种有限公司、江苏立华牧业股份有限公司、广西金陵农牧集团有限公司、海南罗牛山文昌鸡育种有限公司等。其中，单个配套系年出栏商品代超过 5 000 万只的有新兴矮脚黄鸡、新兴竹丝鸡 3 号、雪山鸡和潭牛鸡等。根据国家

肉鸡良种扩繁推广基地现场核验报告，黄羽肉鸡的成活率、繁殖性能显著提高，商品代黄羽肉鸡的成活率在 88.5%～97.2%，比 2014 年提高了 1%～2.7%，孵化率 85.5%～95.3%，比 2014 年提高了 2.1%，商品肉鸡出栏体重比 2014 年也有缓慢增加。

（二）白羽肉鸡供种能力

福建圣农发展股份有限公司、江苏京海禽业集团有限公司、山东益生种畜禽股份有限公司、河北飞龙家禽育种有限公司等国家肉鸡良种扩繁推广基地 2019 年引进罗斯 308 和爱拔益加祖代鸡 18.17 万套，引进父母代 41.81 万套，比 2018 年增加了 6.84 万套，祖代存栏 49.59 万套，父母代存栏 1 106.09 万套，商品代推广量 9.09 亿只。

目前我国白羽肉鸡基本依靠进口，而长期大量的引种不仅威胁我国肉鸡种业安全，也给家禽生物安全带来了挑战。继 2019 年农业农村部启动《国家畜禽良种联合攻关计划（2019—2022 年）》组建了 2 个白羽肉鸡育种联合攻关组后，2020 年农业农村部在河北、江苏、福建和山东 4 省遴选了 4 家国家白羽肉鸡良种扩繁基地。福建圣农发展股份有限公司培育了 8 个白羽肉鸡专门化品系，培育了"圣泽 901"白羽肉鸡配套系，目前正在开展性能测定和中试。佛山市高明新广农牧有限公司经过十年选育已形成"广明 1 号"和"广明 2 号"两个白羽肉鸡配套系，已完成生产性能测定，中试工作将于 2021 年初结束。2020 年国内繁育白羽肉鸡祖代量比 2019 年增加 10 万套，占比提升 14 个百分点。

五、肉种鸡重大或重要疫病净化

在遗传改良计划的引导下，越来越多的种业企业进入全国动物疫病净化示范场和创建场行列，以鸡白痢沙门氏菌和禽白血病为代表的育种核心群垂直传播疫病净化情况显著改善，大大提高了肉种鸡和商品肉鸡的健康水平。

自 2014 年确定国家肉鸡核心育种场和良种扩繁推广基地后，各场严格遵守两病净化要求，每年持续开展禽白血病（ALV）和鸡白痢（PD）检测与净化工作，全面推进各品系种鸡每个世代的检测净化，与前几个世代相比，各品系两病阳性率显著下降，实现了安全供种，净化效果显著，为我国肉鸡种质资源的持续健康发展做出了贡献。

中国动物疫病预防控制中心于2014年、2016年、2018年组织开展了三批规模化养殖场主要动物疫病净化示范创建活动。经专家组现场评估及实验室检测，肉鸡改良计划中3个场被确定为示范场，14个场被确定为创建场（表7-9）。

表 7-9 主要动物疫病净化示范创建场（肉鸡）名单

序号	单位名称	类别	净化疫病	批准时间
	示范场			
1	江苏兴牧农业科技有限公司（花山）	核心育种场	禽白血病	2018
2	佛山市高明区新广农牧有限公司	核心育种场	禽白血病	2018
3	山东益生种畜禽股份有限公司（祖代肉种鸡十八场）	扩繁基地	禽白血病	2018
	创建场			
1	广西祝氏农牧有限责任公司（育种繁育中心）	扩繁基地	动物疫病	2015
2	佛山市高明区新广农牧有限公司（育种场）	核心育种场	动物疫病	2015
3	广东温氏南方家禽育种有限公司（河头育种场）	扩繁基地	动物疫病	2015
4	山东益生种畜禽股份有限公司（祖代肉种鸡十八场）	扩繁基地	动物疫病	2016
5	江苏兴牧农业科技有限公司（花山）	核心育种场	动物疫病	2016
6	福建圣农发展股份有限公司火龙祖代场	扩繁基地	动物疫病	2016
7	广西鸿光农牧有限公司育种中心	核心育种场	动物疫病	2016
8	河南三高农牧股份有限公司（固始鸡育种场）	核心育种场	动物疫病	2016
9	广东墟岗黄家禽种业集团有限公司	核心育种场	动物疫病	2016
10	海南罗牛山文昌鸡育种有限公司	核心育种场	动物疫病	2016
11	佛山市南海种禽有限公司	核心育种场	动物疫病	2018
12	广东温氏南方家禽育种有限公司蚕田育种场	核心育种场	动物疫病	2018
13	广西富凤农牧有限公司留肖坡富凤繁育基地	扩繁基地	动物疫病	2018
14	眉山温氏家禽育种有限公司	核心育种场	动物疫病	2018

（一）国家肉鸡核心育种场重大或重要疫病净化

所有国家核心育种场自 2014 年开始对重大或重要疫病都非常重视，积极争取国家、省部级相关部门立项，获得资金资助，同时也联合相关科研院校开展禽白血病和白痢的净化工作，根据企业监测情况，禽白血病病原阳性率大幅下降，基本维持在 1% 以下的低水平感染，部分核心场禽白血病阳性率下降到零，有的企业禽白血病阳性率一直保持 0%。白痢阳性率由 2014 年的平均 2% 左右，经过 6 年的持续净化，下降到 1% 以下，净化效果也非常显著。

（二）国家肉鸡良种扩繁推广基地肉种鸡重大或重要疫病净化

相对于核心育种场，各扩繁基地对白血病、鸡白痢的净化也都很重视。根据企业监测情况，其禽白血病、鸡白痢阳性率显著降低，且经过 5 ～ 6 年的持续净化，江苏立华、河北飞龙、山东益生等部分扩繁基地禽白血病或鸡白痢阳性率为零，其中河北飞龙一直维持双阴状态。

六、新品种、配套系培育与推广

（一）新品种、配套系培育

截至 2020 年底，通过国家审定的肉鸡培育品种有 1 个、配套系 58 个；其中 2014—2020 年通过审定的配套系有 18 个，由核心育种场培育的有 10 个，均为黄羽肉鸡配套系。

白羽肉鸡育种实质性推进。由国家肉鸡核心育种场——佛山市高明区新广农牧有限公司的"广明 1 号"白羽肉鸡配套系，经过了将近 10 年的选育，目前主要品系均完成了 4 个以上世代系统选育。2019 年 8 月，白羽肉鸡配套系"广明 1 号"和"广明 2 号"父母代种蛋送达农业农村部家禽品质监督检验测试中心（扬州）进行生产性能测定。福建圣泽生物科技发展有限公司开展的白羽快大型肉鸡育种工作进展顺利，存有 8 个专门化品系，已筛选出"圣泽 901"白羽肉鸡配套系，初步具备了替代引进品种的能力。第一个配套系 2019 年已经送农业农村部家禽品质监督检验测试中心（扬州）进行性能测定。

在肉鸡遗传改良计划发布前五年，年均审定新配套系数量 1.67 个；2014—2020 年，年均审定数量 2.57 个。目前在测定中，以及在审定过程中的配套系有 5 ~ 10 个，其中白羽肉鸡配套系 3 个。

（二）新品种、配套系推广情况

遴选的国家肉鸡良种扩繁基地对优良品种、配套系的推广起到了重要的推动作用。2014—2019 年，扩繁基地种鸡饲养量和产品推广量的年复合增长率均超过相关产业的年复合增长（表 7-10）。尤其祖代饲养量的增速是产业增速的 10 倍，表明新培育品种、配套系的市场认可度很高。

表 7-10　黄羽肉鸡 2014—2020 年新品种、配套系饲养推广情况

年度	祖代（万套）		父母代（万套）		商品代（亿只）	
	饲养量	全国存栏量	饲养量	全国存栏量	推广量	全国出栏量
2014	21.8	201.5	563.1	5 027.1	3.6	36.6
2015	26.3	189.5	703.9	5 675.4	4.0	37.4
2016	26.1	184.0	698.8	5 858.4	4.4	39.5
2017	27.0	173.0	692.8	5 664.8	4.3	36.9
2018	29.2	197.1	726.3	6 748.0	4.4	39.6
2019	32.7	209.6	935.4	7 475.3	4.6	45.2
2020	50.72	219.4	908.9	7 614.8	4.4	44.2
2014—2020 增长率	132.7%	8.9%	61.4%	51.5%	24.4%	20.9%
2014—2020 复合增长率	15.1%	1.4%	8.3%	7.2%	3.7%	3.2%

（三）引入品种的繁育与推广

肉鸡的引入品种集中在白羽肉鸡产业。2017 年以前所有的祖代种鸡都来自国外引种。2016 年 11 月山东益生首次引进哈伯德曾祖代约 1.70 万只；

2018年1月继续引进哈伯德曾祖代约3万只。哈伯德曾祖代的引进降低了国家间因疫情封关而造成的种源中断风险，对保障国内白羽肉鸡种源供应有积极意义（表7-11）。

表7-11　肉鸡引入品种2014—2020年饲养推广情况

年度	祖代存栏量 （万套）	祖代新增雏鸡 （万套）	父母代鸡苗销售量 （万套）	商品代鸡苗销售量 （亿只）	肉鸡出栏量 （亿只）
2011	155.37	121.73	5 271.10	46.00	44.00
2012	179.75	132.24	5 845.76	49.32	46.86
2013	197.71	154.44	6 940.26	47.77	45.06
2014	166.83	116.61	5 916.87	47.94	45.59
2015	143.80	76.32	4 649.08	45.00	42.85
2016	111.84	63.86	4 610.55	47.07	44.78
2017	119.90	68.71	4 400.52	42.88	40.97
2018	115.59	74.54	4 109.92	41.02	39.41
2019	139.35	122.35	4 830.86	46.52	44.20
2020	163.26	100.28	6 007.07	52.16	49.23

2020年，更新的祖代白羽肉雏鸡共有5个品种，主要品种为爱拔益加、科宝艾维茵、圣泽901、哈伯德以及罗斯308。2020年，爱拔益加更新37.44万套，占全部更新量的37.34%；科宝艾维茵更新32.54万套，占全部更新量的32.46%；哈伯德更新了9.64万套，占全部更新量的9.62%；罗斯308更新9.24万套，占全部更新量的9.22%。祖代种鸡全年更新100.3万套，同比下降18.0%。其中，进口73.1万套，较2019年减少26.2万套，占72.9%；国内繁育27.2万套，比上一年增加10.0万套，占27.1%。国内繁育的主要是哈伯德和圣泽901。

2020年白羽肉鸡父母代种鸡平均存栏6 074.3万套，同比增加18.1%；平均在产存栏3 500.0万套，全年商品雏鸡销售52.2亿只，同比增加12.1%。年末父母代种鸡存栏6 145.6万套，其中在产存栏3 411.7万套，后备存栏2 733.9万套。父母代种鸡全年更新6 007.1万套，同比增加24.3%。

七、肉鸡遗传改良科研进展

质量性状分子检测和全基因组选择技术在肉鸡育种应用取得显著进展。质量性状的分子检测技术包括矮小基因、隐性白基因、快慢羽基因、黄皮肤基因、芦花基因、绿壳蛋基因等。在"十三五"期间，国家肉鸡产业技术体系育种技术和方法岗位累计为国内肉鸡育种企业提供分子检测技术服务 36 538 个标记（个体）。全基因组选择技术是开展基因组育种和准确度量群体遗传多样性的基础。继国外开发出 60 K 和 600 K 鸡 SNP 芯片后，中国农业科学院北京畜牧兽医研究所等单位，针对国产化鸡育种和地方种质资源保护的现状和需求，自主研发出了"京芯一号" 55 K SNP 芯片等高性价比的检测芯片。鸡基因组 SNP 芯片在基因组选择育种、种质资源多样性分析、亲缘关系鉴定、基因组关联研究、基因定位等方面可发挥重要作用。

在生产性能和表型测定方面，采食量自动记录系统、产蛋数自动采集器、体重测定系统、鸡只小腿和翅膀活体测定的便携式移动 DR 仪、应用电子鼻测定鸡肉风味物质、自动产蛋箱、鸡冠生长自动测定软件等生产性能和表型测定技术都取得了显著进展。在软件信息技术方面，利用家禽育种信息精准采集平台、优质肉鸡育种信息智能化管理与分析系统等信息化技术提高信息的可靠性和准确性，提高了育种效率、加速了育种进程。

水 禽 篇

一、水禽种业现状

(一)水禽产业发展迅猛

2020 年，我国肉鸭出栏量达到 46.8 亿只，产肉量 1 035 万吨，约占我国肉类总产量的 12.0%、禽肉总产量的 34.6%，产值约 1 257 亿元；蛋鸭存栏量 1.46 亿只，占全球蛋鸭存栏量的 90% 以上，年产鸭蛋 292 万吨，产值 257 亿元；鹅出栏量 6.39 亿只，产肉量 223 万吨，鹅肉在禽肉中所占比例达 7.5%，其初级产品年产值达到 489 亿元。综上，2020 年我国水禽总出栏量约为 54.56 亿只，产肉量 1 278 万吨，总产值 2 003 亿元（表 8-1）。巨大的消费市场有力支撑了我国水禽产业的快速发展。

表 8-1 2020 年全国水禽重点产区产业经济数据

畜种	年末存栏量 （万只）	年出栏量 （万只）	年产肉量 （万吨）	年产蛋量 （万吨）	年产值 （亿元）
肉鸭	61 342	468 363	1 035	—	1 257
蛋鸭	14 621	13 422	20	292	257
鹅	20 704	63 856	223	—	489
合计	96 667	545 641	1 278	292	2 003

数据来源：国家水禽产业技术体系。

(二)水禽遗传资源家底明晰、保种有力

根据国家畜禽遗传资源委员会 2021 年发布的《国家畜禽遗传资源品种

名录》，我国共有地方鸭品种37个，培育品种及配套系10个，引入品种及配套系8个。我国是世界上鸭品种资源最丰富的国家，现有肉用型品种4个，蛋用型品种11个，蛋肉兼用型品种12个。其中10个品种列入《国家级畜禽遗传资源保护名录》。

我国也是世界上鹅品种资源最丰富的国家，地方品种有30个，培育品种1个，培育配套系2个，国外引入品种或配套系6个。11个品种列入国家级畜禽遗传资源保护名录。

近年来，国家和地方政府对我国水禽资源保护开展了一系列卓有成效的工作，先后建立了两个国家级水禽基因库、一批国家级和省级保种场，为水禽种质资源开发与利用储备了宝贵的资源素材。

（三）水禽育种厚积薄发，迸发强劲活力

1. 以市场需求为导向，肉鸭育种呈现多样化趋势

白羽肉鸭自主品种培育取得重大突破。我国自20世纪80年代以来，陆续引进了英国樱桃谷农场（Cherry Valley Farm）培育的英系北京鸭配套系、美国枫叶农场（Maple Leaf Farms）培育的美系北京鸭配套系、法国奥尔维亚—古尔蒙集团公司（Orvia Gourmaud Selection）培育的"南特牌"法系北京鸭配套系、法国克里莫育种集团（Grimaud Freres Selection）培育的"奥白星牌"法系北京鸭配套系，这些商业化的国际品种均是以我国北京鸭品种资源为基础，经科学培育后又返回中国市场，垄断了白羽肉鸭市场，导致我国北京鸭地方品种几乎完全处于保种状态。

近年来，中国农业科学院北京畜牧兽医研究所利用我国北京鸭品种资源培育了"Z型北京鸭"配套系，通过"院企联合育种"的模式，与肉鸭龙头企业合作培育了"中畜草原白羽肉鸭"和"中新白羽肉鸭"配套系，均通过国家新品种审定。自主培育品种在料肉比、胸肉率、皮脂率等关键生产性能指标上较引进品种具有明显优势，更加符合国内的消费需求，打破了外国公司的技术与品种垄断，实现了白羽肉鸭品种的国产化。

2020年，"Z型北京鸭"烤鸭专用配套系的父母代养殖量约为40万只，商品代肉鸭的出栏量达到7 000万只，为北京烤鸭市场提供了优良品种；

瘦肉型肉鸭品种"中畜草原白羽肉鸭"和"中新白羽肉鸭"的父母代种鸭在2019年和2020年的销量分别达到758万只和754万只，2020年商品肉鸭出栏约14.5亿只，占全国白羽肉鸭市场（39.7亿只）的36.5%。

以市场需求为导向的育种模式，极大地促进了我国肉鸭种业发展。我国不同地域的鸭加工和消费习惯差异较大，特定的加工类型需要专门化肉鸭品种为原料。我国肉鸭育种紧紧围绕市场需求，开展了区域性、差别化育种。针对华北地区喜食北京烤鸭，以北京鸭为素材，培育了"Z型北京鸭"免填饲型烤鸭专用品种，皮脂率高达35%，主要供应京津冀地区；南方地区喜食盐水鸭、板鸭、樟茶鸭等产品，培育了适合整鸭加工的"中畜草原白羽肉鸭"。该品种具有胸腿肉率高、皮脂率低、风味好等特点；针对鸭胸、鸭脖、鸭胗、鸭舌、鸭掌等休闲卤制品市场的需求，培育了适合分割加工的"中新白羽肉鸭"品种，具有生长速度快、饲料利用率高、胸肌与肌胃发达、体脂率低等特点。

番鸭肉质优良，在我国南方消费旺盛，由温氏集团培育的"温氏白羽番鸭1号"配套系2020年通过了国家畜禽遗传资源委员会审定，这是我国自主培育的第一个番鸭品种，各项生产性能均达到或者超过国外引进品种，这对加快我国番鸭、半番鸭市场发展，挖掘消费潜力，具有重要意义。

开发我国特有的地方肉鸭品种，对于弘扬传统饮食文化，振兴地方经济均具有重要意义。我国多家企业利用地方鸭遗传资源，培育了优质小型麻羽肉鸭品种，或从麻羽群体中发现羽色突变个体，培育了优质小型白羽肉鸭，如湖南舜华鸭业有限公司利用"临武鸭"品种开发了一系列鸭肉产品；江西煌上煌集团组织当地农民合作社饲养"吉安红毛鸭"，利用自身品牌优势，开发了"酱鸭"系列产品。新的育种导向有效推动了从"品种"到"品牌"的发展战略，激发了企业的原始创新动力。我国已初步建立了以企业为主体的鸭种质资源开发与利用的研发机构。

肉鸭育种体制机制不断创新。国家水禽产业技术体系成立后，打通了"产学研用"创新链条，有力推动了"科—企""校—企"等联合育种机制的形成与发展，充分发挥了科教单位的技术优势和企业的市场与资金优势。"中畜卓原白羽肉鸭"和"中新白羽肉鸭"即是"科—企"合作的结晶，新品种打破了引进品种对我国肉鸭种鸭市场长期垄断的局面，具有本土特色的新品种具有更强的竞争优势，能够完全满足国内市场需求，保障了肉鸭种业的安全。

2. 蛋鸭育种成效显著

蛋鸭是我国特有的家禽种类，养殖量占世界90%以上，种源以本品种选育产生的优良专门化品系或配套系为主体，具有产量多、绿壳蛋等特征。目前饲养量最多的品种为绍兴鸭、龙岩山麻鸭、金定鸭和缙云麻鸭，这4个品种的饲养量占全国90%以上，其中绍兴鸭及其配套系占60%以上。这些品种的年产蛋数均在300个以上，是我国蛋鸭产业发展的核心种质资源。在此基础上，蛋鸭主产区相关科研单位和企业持续选育提高蛋鸭的繁殖力，并且根据不同地区对蛋鸭的特殊要求，培育了不同品种的青壳系，包括绍兴鸭、龙岩山麻鸭、金定鸭、缙云麻鸭、荆江鸭、连城白鸭青壳系等。

目前，已通过国家审定的蛋鸭配套系有2个，分别为"苏邮Ⅰ号"和"国绍Ⅰ号"。江苏高邮鸭集团和江苏省家禽科学研究所联合培育的"苏邮Ⅰ号"配套系商品代蛋鸭具有产蛋量高、青壳蛋比例高以及耗料少等特点，开产日龄117天，72周龄产蛋数323个，平均蛋重74.6克，青壳率95.3%，产蛋期成活率97.7%，产蛋期饲料转化比2.73∶1。"国绍Ⅰ号"配套系商品代蛋鸭具有开产早、产蛋量高、青壳率高、抗病性能好、饲料消耗少、蛋壳质量好和破损率低等特点，108日龄见蛋，72周龄产蛋数326.9个，平均蛋重69.6克，青壳率98.2%，产蛋期料蛋比2.62∶1，育成期成活率97.6%，入舍母鸭成活率97.5%。

浙江省农业科学院畜牧兽医研究所和湖北神丹健康食品有限公司联合开展青壳、节粮、加工型蛋鸭"神丹2号"选育，与诸暨市国伟禽业发展有限公司开展了以节粮、高产、大蛋黄（咸鸭蛋专用型）的"国绍2号"选育，与广西桂林市桂柳家禽有限责任公司开展高产、青壳、抗逆（适合于笼养）的蛋鸭"桂柳1号"选育。这些品种的选育均进展良好。

湖北省农业科学院畜牧兽医研究所与湖北离湖禽蛋有限公司联合选育

的青壳、抗逆、高产的"湖鸭325蛋鸭"配套系已进入国家畜禽新品种（配套系）审定程序。江苏省家禽科学研究所、福建省农业科学院、福建农林大学也在蛋鸭地方品种的配套选育推广上开展了大量工作，这些工作使我国蛋鸭的生产性能一直处于世界领先水平。

3. 肉鹅育种百花齐放，但起步晚、步伐缓

鹅繁殖效率低，品种地域化特征明显，市场规模小、育种成本高、难度较大。在全国多个肉鹅主产区，形成了保和育种相结合的种业发展模式，规模化的肉鹅育种虽起步较晚，但也取得了较好的进展。近年来，四川农业大学、江苏立华牧业股份有限公司等单位较为系统地开展了肉鹅配套系选育，先后培育了"天府肉鹅""江南白鹅"配套系，并一直持续开展专门化品系的选育、育种素材创制工作。重庆市畜牧科学院等单位联合培育的"渝州白鹅"配套系进展良好；以地方品种狮头鹅、籽鹅、豁眼鹅、马岗鹅、太湖鹅、浙东白鹅以及引进品种朗德鹅、卡洛斯鹅等为基础，也在开展各品种中的"快长系""高繁系"培育以及品种间杂交组合试验和适合不同市场需求的杂交组合筛选（表8-2）。此外，我国鹅育种正逐步由高校、科研院所为主体转变为企业为主、高校和科研院所作为技术支撑的合作育种模式。

表 8-2　国内主要鹅新品种与配套系培育机制情况

品种/配套系	育种企业	科研院所或大学	合作方式
天府肉鹅	德阳景程禽业有限公司	四川农业大学	联合培育
扬州鹅	五亭天歌食品有限公司	扬州大学	联合培育
江南白鹅	江苏立华牧业股份有限公司	扬州大学	技术支持
渝州白鹅 （正在培育中）	重庆清水湾良种鹅业有限公司	重庆市畜牧科学院	联合培育
桂柳白鹅 （正在培育中）	江苏桂柳牧业集团有限公司	上海市农业科学院	联合培育
优质肉鹅 （正在培育中）	山东荣达农业发展有限公司	中国农业科学院北京畜牧兽医研究所	技术支持
对青白鹅 （正在培育中）	黑龙江对青鹅业集团有限公司	黑龙江省农业科学院	技术支持

二、生产性能测定与遗传进展分析

（一）肉鸭选育进展

1. 现有品种持续选育，整体生产性能不断提高

中国农业科学院北京畜牧兽医研究所与内蒙古塞飞亚农业科技发展股份有限公司和新希望六和股份有限公司，坚持以市场需求为导向，对联合培育的瘦肉型肉鸭"中畜草原白羽肉鸭"和"中新白羽肉鸭"配套系进行持续选育。中畜草原白羽肉鸭2020年度选育工作完成了6个品系的继代选育和4个品系的抗Ⅲ型鸭肝炎病毒的育种工作，成效显著。抗病品系攻毒后死亡率降至10%，其他性能指标仍保持稳定。其商品代肉鸭的胴体性能指标如表8-3。其中，商品饲料的代谢能值为前期11.91兆焦/千克，后期12.33兆焦/千克。饲料转化率为饲料消耗量（千克）与全净膛体重（千克）的比值。

表8-3 "中畜草原白羽肉鸭"商品代2018—2020年选育进展（40日龄）

| 月份 | 胴体重（千克） | | | 增重进展 | | 料肉比 | | | 料肉比进展 | |
	2018	2019	2020	2018—2020	2019—2020	2018	2019	2020	2018—2020	2019—2020
1	2.516	2.543	2.557	41	14	2.385	2.422	2.429	0.044	0.007
2	2.498	2.476	2.514	16	38	—	2.371	2.388	—	0.017
3	2.536	2.493	2.601	65	108	2.378	2.349	2.359	−0.019	0.010
4	2.438	2.534	2.561	122	26	2.773	2.738	2.626	−0.146	−0.112
5	2.392	2.476	2.425	33	−51	2.780	2.739	2.701	−0.079	−0.038
6	2.230	2.320	2.427	197	107	2.746	2.708	2.651	−0.095	−0.057
7	2.074	2.193	2.223	149	30	2.758	2.733	2.755	−0.003	0.022
8	2.014	2.150	2.123	109	−27	2.697	2.669	2.662	−0.035	−0.007

"中新白羽肉鸭"配套系（以下简称"中新鸭"）在2020年完成了6个品系继代选育工作。各品系进行了屠体性能测定，胸肌率和腿肌率增长

明显，达到 30% 左右，而皮脂率均低于 20%，下降趋势明显；中新鸭 4 个母本品系的高峰期产蛋率均达到 93% 以上，受精率达到 93% 以上。其中，母本品系 L3 系 75 周累计产蛋量达到 285 个，产合格种蛋达到 269 个。2020 年统计了 3 万只中新鸭的祖代种鸭的繁殖情况，75 周龄产合格蛋数达到 277 个，高峰期受精率达到 94% 以上，受精蛋孵化率在 93% 以上（表 8-4）。中新鸭商品代 40 日龄体重达到 3.0 千克以上，料重比 1.88∶1，胸腿肉率达到 28%，皮脂率低于 20%。以上数据反映出我国肉鸭育种取得了显著进展。

表 8-4　中新白羽肉鸭父母代繁殖性能

年度	75 周只供合格蛋（枚）	高峰期产蛋率（%）	高峰维持时间（>90%）（周）	25 ～ 75 周平均受精率（%）
2014	250	91.60	6	90.77
2015	248	90.63	4	90.89
2016	260	92.80	8	91.89
2017	264	93.60	15	92.10
2018	268	93.10	18	92.10
2019	269	93.80	24	92.00
2020	268	95.40	18	87.55

北京金星鸭业有限公司长期开展烤制型北京鸭专门化品系选育，该配套系是北京烤鸭的优质原料。2020 年完成了 4 个烤制型北京鸭专门化品系一个世代的继代选育。42 日龄屠宰性能见表 8-5。

表 8-5　北京鸭烤制型品系 42 日龄屠宰性能

系别	IV		VI		VII		VIII	
性别	公	母	公	母	公	母	公	母
体重（克）	3 484±175	3 386±189	3 713±255	3 505±219	3 028±208	2 887±176	3 137±210	2 949±186
全净膛重（克）	2 519±135	2 447±123	2 700±178	2 892±136	2 133±90	2 163±69	2 215±80	2 219±125

（续）

系别	IV		VI		VII		VIII	
性别	公	母	公	母	公	母	公	母
胸肌率（%）	9.77±0.57	10.54±0.79	11.42±1.00	10.71±0.51	9.32±1.00	10.90±0.27	9.32±0.66	10.28±0.87
腿肌率（%）	11.23±1.04	11.75±0.69	11.07±0.97	11.01±0.65	12.39±0.87	11.89±0.63	12.27±0.85	11.56±0.96
皮脂率（%）	35.94±1.55	38.21±2.19	38.00±2.40	37.83±1.55	34.80±1.16	35.89±0.96	35.93±1.72	37.51±1.80
腹脂率（%）	2.85±0.65	3.61±0.44	3.42±0.40	3.52±0.49	2.81±0.37	3.53±0.64	2.86±0.50	3.28±0.61

2. 肉鸭配套系不断推陈出新，市场中试效果良好

烤制型北京鸭配套系选育。中国农业大学、北京金星鸭业有限公司、北京南口鸭育种科技有限公司等单位根据不同烤鸭需求及市场变化，开展了烤制型新品种"南口京典烤制型北京鸭"配套系的选育。2019—2020年，在北京地区中试175万只，各项性能指标优异。经过农业农村部家禽品质监督检验测试中心（北京）测试，该配套系商品代在35天就能达到烤鸭原料需求，35日龄出栏体重3.1公斤；饲料转化率2.0左右；全程成活率98%以上；胴体品质好，皮脂率达到32%以上，胸肌率10%，养殖效益好，为大众化烤鸭市场提供了质优价廉的品种。

番鸭、半番鸭配套系选育取得阶段性重要进展。中国农业科学院北京畜牧兽医研究所与吉林正方农牧股份有限公司、福建农林大学等单位联合，培育了肥肝用半番鸭配套系的父本品系及2个母本品系。2020年完成了个体生产性能测定、继代选育、配合力测定和中试推广试验。3个专门化品系的选育基础群存栏13 000只。该品种为鸭肥肝专用型配套系（暂定名为"中畜长白半番鸭"配套系），其父母代种鸭65周产蛋量达到235枚，种蛋合格率达到91%以上，受精率87%～88%（人工授精），受精蛋孵化率达86%以上。商品代肉鸭白羽率95%以上，8周龄体重4.1千克，饲料转化率2.6∶1，填饲后肥肝重量达650克，肝料比为1∶17.0，各项性能

指标达到或领先于国外引进品种水平。

由温氏食品集团股份有限公司、福建农林大学等单位联合培育的中型番鸭配套系正进行配套系父母代及商品代中试，中试配套系商品代番鸭已经在广东温氏集团设在福建、广东、浙江等地的分公司生产基地生产应用，饲养推广优质番鸭 2 800 万只以上。

西北农林科技大学、陕西潼关安大农业发展有限公司等单位正在联合培育黑番鸭配套系。2020 年，经过 5 个世代选育的黑羽番鸭，羽色进一步纯化，体型整齐，产蛋性能快速提高，生长性能稳步增长，产蛋性能提高了 15%，50 日龄体重增加了 300 克，饲料转化效率提高了 0.45%，母系产蛋量提高了 25 个，育种成效显著。

（二）蛋鸭选育进展

1."国绍 I 号"蛋鸭配套系

"国绍 I 号"蛋鸭配套系是由诸暨市国伟禽业发展有限公司和浙江省农业科学院联合培育的配套系，于 2015 年通过国家审定。该配套系具有产蛋性能高、蛋青壳、抗逆性强等优点，其父母代种鸭和商品代蛋鸭 2020 年主要生产性能指标见表 8-6。

表 8-6　国绍 I 号蛋鸭配套系生产性能

性状	父母代性能指标	商品代性能指标
开产日龄（天）	111～113	108
72 周龄平均产蛋量（个）	322	327
育成期成活率（%）	98.1	97.6
入舍母鸭成活率（%）	98.1	97.5
淘汰母鸭体重（克）	1 300～1 400	1 521

2."苏邮 I 号"蛋鸭配套系

"苏邮 I 号"蛋鸭是由江苏高邮鸭集团与江苏省家禽科学研究所、高邮市高邮鸭良种繁育中心联合培育的我国第一个蛋鸭配套系。"苏邮 I 号"蛋鸭配套系采用两系配套模式，父系为高邮鸭青壳蛋系，母系为山麻鸭高产系。该配套系 2020 年父母代种鸭与商品代蛋鸭的主要生产性能指标见表 8-7。

表 8-7　苏邮 I 号蛋鸭配套系生产性能

性状	父母代性能指标	商品代生产性能
达 50% 产蛋率日龄（天）	103～105	117
72 周龄平均产蛋数（个）	310～317	327
产蛋期成活率（%）	98.0	97.7
72 周龄母鸭平均体重（克）	1 460～1 490	1 800

3. 绍兴鸭

绍兴鸭由浙江省农业科学院畜牧兽医研究所在绍兴鸭高产系的基础上应用现代育种新技术选育出 5 个品系，包括"青壳 I 号""青壳 II 号""白壳 I 号""江南 I 号"和"江南 II 号"。

绍兴鸭具有产蛋多、饲料报酬高、抗应激能力强的特点。"青壳 I 号"和"白壳 I 号"的生产性能相近，500 日龄产蛋数 325 个，总蛋重 21.87 千克，蛋料比 1 : 2.66，青壳蛋率 72%，产蛋期成活率 98.0%。"青壳 I 号"的羽毛黑色或黑白花，肉质近似野鸭，有"黑色食品"之称，抗寒、抗旱能力特强，特别适合北方和西部地区饲养，也可进行笼养。而"白壳 I 号"的羽毛为麻色，有"三白"特征，觅食性和适应能力强，特别适合放牧。"江南 II 号"500 日龄入舍母鸭平均产蛋 324 个，总蛋重 21.75 千克，蛋料比 1 : 2.76，产蛋期成活率 98.9%，羽毛深褐色，基本无"三白"特征。"江南 I 号"500 日龄入舍母鸭平均产蛋 310 个，总蛋重 21.18 千克，蛋料比 1 : 2.85，产蛋期成活率 97.0%。"江南 II 号""江南 I 号"既可作商品蛋鸭生产，又可作杂交母本。

"青壳 II 号"是目前国内外综合产蛋性能最优秀的蛋鸭良种，达到国际领先水平。青壳蛋蛋壳厚度和强度优于白壳蛋，可减少加工及运输过程中损失，并且具有较高的营养价值，同时其壳色受到绝大多数地区的欢迎，价格优势日益明显。

"青壳 II 号"的体型外貌与带圈白翼梢相近，但体型略大。青壳蛋率达 92%。产蛋性能优良，500 日龄产蛋 329 个，总蛋重 22.8 千克，蛋料比 1∶2.62，产蛋高峰期长达 250 天，90% 以上产蛋率维持 10 个月，其中 95% 以上产蛋率维持 145 天，最高产蛋率偶尔可超过 100%。适应性广，不仅适合于温暖潮湿的南方地区饲养，而且适应北方和西部地区气候寒冷干燥的环境，不仅可以地面平养，还可在干旱地区离地笼养。抗应激能力强，产蛋期成活率高达 99%，培育期成活率达 97.5%。公鸭肉用性能好，55 日龄可达 1.2 千克。繁殖性能优，公母配比 1∶17，种蛋受精率 85%～95%，受精蛋孵化率 85%～92%，种用年限公鸭 1 年，母鸭 2 年。

（三）肉鹅选育进展

我国鹅产业以肉用型鹅为主体，兼有少量的肝用型鹅，产品主要包括鹅肉、鹅绒和鹅肥肝。我国鹅遗传改良重点关注肉用、繁殖、绒用和肝用性能，同时关注抗病及体型外貌等方面的特异性状。

1. 扬州鹅

扬州大学等单位对"扬州鹅"持续开展选育工作，"十三五"期间，完成了扬州鹅 5 个世代的继代选育，公鹅留种率 5%～6% 左右，母鹅留种率 35% 左右，公母比例为 1∶6。核心群的继代选育主要关注产蛋量、初生重和 70 日龄体重性状。先后建立了 3 个专门化品系，采用先留后选的方式对早期生长速度和产蛋量进行选育。2020 年 A 系 66 周产蛋量平均达 76 个，B 系公母均重达到 4.10 千克。

2. 天府肉鹅

四川农业大学等单位持续对"天府肉鹅"配套系进行选育和推广。在原天府肉鹅父本品系 P1 系的基础上，分别引入阳春鹅、白羽狮头鹅等素材，通过杂交创新和横交固定，创制了 P2 系、P3 系等父本品系。P3 系公鹅生殖器发育优于 P1 系和 P2 系，肉瘤出现时间早（在 90 日龄左右），早期生长速度（70 日龄以前）与 P1 系和 P2 系差异不显著，但成年体重更大。母本品系选育方面，持续对原天府肉鹅高繁殖率母系（M1）进行了选育，目前已选育至第 11 世代，2020 年该品系在年产蛋量等繁殖性能指标上已基本稳定，开产日龄 208 天左右，开产体重 3.3 千克左右，年产蛋量约90个，受精率约90%。

3. 江南白鹅

江苏立华牧业股份有限公司培育的"江南白鹅"配套系，是国内第一个企业自主培育的肉鹅配套系，于2018年通过国家审定。该配套系以浙东白鹅、四川白鹅和扬州鹅为基础育种素材，通过杂交组合试验，筛选出了三系配套杂交模式。配套系父母代种鹅全身羽毛白色，头上有肉瘤。2020年成年公鹅体重在5.7～5.9千克，母鹅体重在4.3～4.5千克。开产日龄210～220天，66周产蛋76个，受精率94%以上。商品鹅全身羽毛白色，70日龄公母平均体重3.8～4千克。江南白鹅配套系商品代年推广量约300万只。

4. 桂柳白鹅（暂定名）

上海市农业科学院畜牧兽医研究所与江苏桂柳牧业集团有限公司正在联合开展"桂柳白鹅"配套系选育工作，该配套系利用国内外鹅种质资源，培育高效型肉鹅新品系2个，优质型肉鹅新品系3个，2020年高效型优质白鹅第70日龄父系平均体重5.3千克，母系70日龄体重4.67千克，饲料转化率均在2.5∶1以下；父系核心群平均产蛋量50.25个，母系核心群平均产蛋量56.75个。优质型白鹅以泰州鹅选育系和四川白鹅选育系为母本，2020年年产蛋量超过75个，与浙东白鹅或皖西白鹅选育的父系杂交，商品代70日龄体重超过4.0千克。

5. 浙东白鹅

象山县浙东白鹅研究所一直从事浙东白鹅选育工作。浙东白鹅产蛋周期为36周（当年9月～次年5月），在产蛋第4、第13、第20、第26周有4个产蛋高峰波段，产蛋率分别为23.88%、19.72%、18.09%、17.79%，依次递减。2020年产肉性能测定结果表明，浙东白鹅70日龄体重为4063±316克，屠宰率82%。

6. 豁眼鹅

辽宁省农业科学院畜牧研究所持续开展了豁眼鹅的选育。2020年高繁系经过6个世代选育，产蛋天数225天，入舍鹅蛋数由54.2个增加到94.7个，高峰期产蛋率90.2%，种蛋受精率92.6%，受精蛋孵化率70.2%。快长

系入舍鹅产蛋数 87.5 个，蛋重 146 克，雏鹅出壳重 97.4 克，80 日龄体重
3.5 千克。

7. 籽鹅

黑龙江省畜牧兽医研究所持续开展籽鹅配套系的选育。2020 年高繁品系年产蛋量达 101.2 个，在黑龙江生产季节产蛋量达到 58.3 个；快长系 12 周龄平均体重公鹅 3.2 千克以上，母鹅 2.7 千克以上，22 周龄平均体重公鹅 4.2 千克以上，母鹅 3.7 千克以上。

三、供种能力提升

(一) 肉鸭

2020 年，我国有 4 家育种公司可提供祖代肉鸭，分别为首农集团北京金星鸭业有限公司、内蒙古塞飞亚农业科技发展股份有限公司、山东新希望六和集团有限公司和温氏食品集团股份有限公司，可以向社会提供大型白羽肉鸭、番鸭、半番鸭祖代，是我国肉鸭市场的主要种源提供商。还有部分地方保种场、小型育种公司提供地方优质肉鸭品种，我国肉鸭种源可实现自给自足。首农集团大约提供了市场 60% 的大型白羽肉鸭祖代，内蒙古塞飞亚集团和新希望六和集团大约提供了市场 35% 的大型白羽肉鸭。其他引进品种，如南特鸭、枫叶鸭等，可以为国内提供父母代种鸭。

内蒙古塞飞亚集团在 2020 年共生产草原鸭祖代苗 1 500 个单元，22 万只，完成推广草原鸭祖代 650 单元，10 万只；生产父母代 2.8 万个单元，400 万只；受疫情的影响，市场疲软，全年推广草原鸭父母代种鸭 2.5 万单元，355 万只，自养 20 万只，可生产商品代肉鸭 6.88 亿只。新希望六和在 2020 年推广中新鸭祖代约 3 万只，存栏祖代种鸭 11 万只，推广父母代种鸭约 300 万只、商品代肉鸭约 6 亿只。其他大型白羽肉鸭主要是首农集团并购的樱桃谷肉鸭为主，枫叶鸭、南特鸭市场占比较小。

烤鸭市场主要有北京金星鸭业有限公司的"南口 1 号"北京鸭、河北东风和河北乐寿等公司饲养的"Z 型北京鸭"的烤鸭专用北京鸭配套系。受 2020 年新冠疫情影响，餐饮消费受限，烤鸭市场需求大幅减少，全国

烤鸭坯生产量下降到 1 亿只左右，极大地冲击了烤鸭种业。

（二）蛋鸭

2013—2016 年，我国蛋鸭存栏量持续保持增长势头。但 2017—2018 年，我国蛋鸭养殖大省如江苏、浙江、福建等为了保护环境，出现了取缔蛋鸭养殖业、拆除鸭场的现象，使我国蛋鸭存栏量快速下降。受新冠疫情影响，我国 2020 年的蛋鸭存栏量较 2019 年又下降了 20%，鸭蛋产量只有 317.5 万吨（图 8-1、图 8-2）。

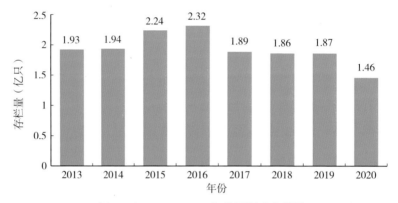

图 8-1　2013—2020 年我国蛋鸭存栏量

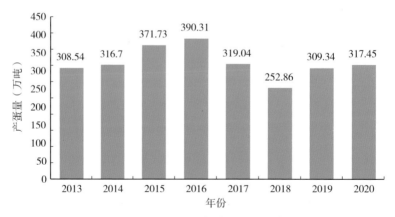

图 8-2　2013—2020 年我国蛋鸭年产蛋量

我国蛋鸭总产值在 2013—2020 年间变化较大。其中，2015 年总产值最高，达到 474 亿元，而 2020 年蛋鸭的总产值只有 395 亿元，较 2019 年降低 22.8%（图 8-3）。

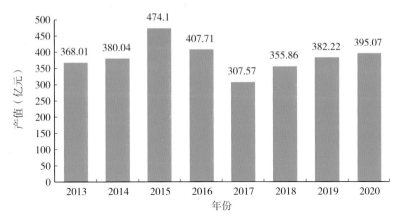

图 8-3　2013—2020 年我国蛋鸭年产值）

（三）肉鹅

我国肉鹅品种的生产性能差异极大，特别是南方主产区的鹅种繁殖性能低和季节性繁殖导致肉鹅产业发展困难重重。尽管我国拥有得天独厚的地方鹅品种资源，但大多缺乏系统选育，生产方式较为原始，配套系选育法进展缓慢，没有形成高效的良种繁育体系，供种能力有限。

1. 多样化的种源生产模式

种鹅养殖孵化一体化公司模式：这种类型企业自己选育种鹅、饲养父母代种鹅，种蛋自行孵化。如江苏立华牧业股份有限公司，2020 年存栏江南白鹅父母代种鹅 6.5 万套，年产商品代雏鹅 270 万只。

专业孵化公司带动种鹅养殖户模式：以专业孵化公司为中心，多家专业种鹅养殖户养殖种鹅，生产种蛋，亦有部分孵化企业示范养殖一定量的种鹅。如浙江省象山县是浙东白鹅主产区，存栏种鹅达 30 万只，3 家孵化场对外提供商品雏鹅。

种蛋代孵模式：种鹅养殖公司养殖特定畅销纯种，种蛋找孵化场代为孵化，雏鹅自行销售。

2. 选用高繁殖性能品种作为杂交母本

通过引进四川白鹅、豁眼鹅等繁殖力较高的品种资源作为母本开展经济杂交，利用高繁品种提升地方品种的供种能力。上海市农业科学院等单位以年高繁殖性能的四川白鹅专门化品系为母本，与浙东白鹅或皖西白鹅选育的父系杂交，商品代 70 日龄体重超过 4 000 克，在市场中得到广泛应用；黑龙江省畜牧研究所以莱茵鹅、四川白鹅、皖西白鹅、浙东白鹅、籽鹅为素材，完成了 18 个杂交组合试验，筛选出"浙东 × 籽鹅""浙东 × 川籽""浙东 × 皖籽""莱茵 × 川籽""莱茵 × 皖籽""浙东 × 皖籽"等效果较好的杂交组合，在黑龙江条件下 3 ~ 7 月份母本平均产蛋量 38.9 个，种蛋受精率 90%，受精蛋孵化率 74.2%。

3. 采用综合繁殖技术克服种鹅季节性繁殖和繁殖率低问题

针对种鹅繁殖季节性和繁殖效率低的问题，对种鹅均衡高效繁育技术开展研究，有效提升了供种能力。四川农业大学等单位探明了光照、温度等关键因素影响母鹅繁殖性能的机制，阐明了激素水平、季节、基因表达等对公鹅繁殖力的影响，形成了种鹅均衡高效繁育模式及关键技术，应用于四川白鹅等品种后，种鹅年均产蛋数提高约 11%，种蛋合格率提高至 94% 左右，受精率提高 6%，每只母鹅产雏鹅数提高了 20%。黑龙江省农业科学院等单位研究了皖西白鹅、浙东白鹅、霍尔多巴吉鹅及其与籽鹅的杂交后代在东北寒区的自然环境条件下的繁殖性能、就巢规律及不同品种鹅杂交繁殖同步性，建立了促使不同品种与当地籽鹅实现同步繁殖的光照制度，有效改善了籽鹅的繁殖性能，种鹅产蛋量、种蛋受精率得到一定程度提高，提高了种鹅的供种能力。

四、水禽重大或重要疫病净化

目前肉鸭尚无明确的垂直传播疫病，对此专家和企业存在一定的争议。因此，需要双方共同努力，通过科学和客观的方法确定广泛传播疫病的源头，有效遏制危害严重疫病的扩散，保障产业稳定可持续发展。与此同时，育种专家也在积极开展肉鸭抗病等研究工作，为肉鸭抗病力提升奠定基础。

随着鹅业生产的规模化、集约化和产业化程度不断提高，面临的疫病风险也不断增加。H9 亚型禽流感病毒、鹅副粘病毒、鹅细小病毒、坦布苏病毒、呼肠孤病毒、鹅星状病毒等可能威胁鹅的健康。由于对鹅疫病的基础研究、遗传研究及流行病学研究等尚不够深入，在鹅的遗传改良方面，尚未把疫病净化纳入育种方案。根据目前对鹅病的研究，鹅细小病毒病和引起雏鹅痛风的星状病毒病能够垂直传播，危害较大，可以列为净化和抗病育种的传染病。

五、新品种、配套系培育与推广

（一）肉鸭配套系培育

2020 年国家畜禽遗传资源委员会审定通过 2 个肉鸭配套系。其中"温氏白羽番鸭 1 号"（农 17 新品种 证字第 12 号）是由温氏食品集团股份有限公司、华南农业大学、广东温氏南方家禽育种有限公司联合培育的番鸭配套系。该品种具有生长速度较快、饲料转化效率较高、抗病力强、产肉性能较好等优势。

"强英鸭"配套系是由黄山强英鸭业有限公司和安徽农业大学联合培育的白羽肉鸭新品种（农 10 新品种 证字第 9 号）。"强英鸭"新品种培育历经 10 年，商品代鸭早期生长速度快、饲料转化率高、成活率高，适合屠体分割加工市场需求，40 日龄上市平均体重 3.35 千克，料重比为 1.89∶1。

此外，由北京金星鸭业和中国农业大学联合培育的"南口京典烤制型"北京鸭、"中畜长白半番鸭配套系"和"温氏中型番鸭"配套系等 3 个肉鸭配套系已育成，提交了新品种审定申请。

（二）蛋鸭配套系培育

2020 年，"神丹 2 号"蛋鸭配套系通过国家新品种审定。该配套系由湖北神丹健康食品有限公司和浙江省农业科学院联合培育。根据市场对蛋鸭的需求，"神丹 2 号"经过专门化品系选育、配合力测定等工作培育成功，主要优点是节粮、高产、青壳、适于加工。

由湖北省农业科学院和湖北离湖禽蛋有限公司联合培育的"湖鸭

325 蛋鸭"配套系审定材料已提交。该配套系是利用地方蛋鸭品种资源（荆江鸭、绍兴鸭、龙岩山麻鸭、攸县麻鸭、金定鸭）等，采用现代育种技术培育的麻羽青壳蛋鸭配套系。该配套系采用三系配套模式，三个品系均闭锁繁育 8 个世代以上，主要经济性状变异系数小，遗传性能稳定。

（三）肉鹅配套系培育

重庆市畜牧科学院培育的"渝州白鹅"配套系对 5 个专门化品系进行了多个世代的选育和杂交组合筛选试验，确定了最佳杂交配套模式，父母代 66 周龄产蛋数 88.7 个，商品代肉鹅 70 日龄的体重达到 3.75 千克以上，符合市场需求。经重庆市农业农村委员会批准，"渝州白鹅"配套系已进入中试阶段。

由江苏桂柳牧业集团有限公司与上海市农业科学院联合培育的"桂柳白鹅"配套系，主要利用霍尔多巴吉鹅等品种资源开展"高效型优质肉鹅"新品系选育，采用本品种选育父系和母系的思路开展育种。目前已完成 3 个世代选育。此外，引进浙东白鹅、皖西白鹅、泰州鹅、三花鹅和四川白鹅，开展了"优质型白羽肉鹅配套系"培育工作，目前已经组建了 1 个母本品系和 2 个父本品系基础群。

六、水禽遗传改良重要科研进展

中国农业科学院北京畜牧兽医研究所长期开展抗鸭肝炎病毒研究工作，取得了阶段性成果。2020 年开展了北京鸭感染 DHAV-3 后肝脏组织的蛋白组测序工作，发现 I 型干扰素诱导蛋白在 DHAV-3 的致病机制中起着极其重要的作用。

蛋鸭抗逆性是指蛋鸭对不同环境条件的适应能力，是评价蛋鸭抵抗外界不良环境刺激（如热应激、冷应激和惊吓应激等）的能力。抗逆性强弱不仅关系到蛋鸭的发病率和成活率，而且对蛋鸭的生产性能和经济效益具有重要影响。长期以来，蛋鸭的育种目标主要集中在提高产蛋性能上，而对蛋鸭的免疫性能产生了不利影响，致使蛋鸭抗病力下降，对外界环境和病原的敏感性增强。浙江省农业科学院蛋鸭育种团队率先建立了一种蛋鸭抗病力的综合评定方法，通过综合评定指数的大小来决定蛋鸭育种亲本的选留，可使抗病力育种效果量化，更加直观，便于操作。该技术的应用使蛋鸭育成期、产蛋期的成活率分别达 97.6% 和 97.5%。

大 事 记

1. 2019 年 12 月 31 日至 2020 年 1 月 4 日，波兰卢布林省（Lubelskie）、大波兰省（Wielkopolskie）发生 8 起 H5N8 亚型高致病性禽流感。海关总署 农业农村部联合发布公告"禁止直接或间接从波兰输入禽及其相关产品，禁止寄递或携带来自波兰的禽及其产品入境"（2020 年第 11 号）。

2. 2020 年伊始，新冠肺炎疫情席卷全球。受疫情影响，全国范围内曾出现种畜禽生产物资运输受阻，饲料及屠宰企业复产困难，很多地区关闭活禽交易市场，畜禽生产企业遭受重创，举步维艰。根据国家肉鸡产业技术体系调研显示，估计疫情造成肉鸡产业损失约 127 亿元。其中，种鸡和商品鸡环节的损失约 125 亿元；屠宰场损失约 2 亿元。

3. 1 月 10 日，农业农村部正式发布认定首批国家奶业科技创新联盟名单，由首农食品集团北京奶牛中心牵头组建的奶牛育种自主创新联盟被认定为标杆联盟。

4. 2 月 15 日，海关总署 农业农村部发布公告"解除美国禽类和禽类产品进口限制"（2020 年第 25 号）。自公告发布之日起，解除质检总局、农业部联合发布的 2013 年第 19 号、2013 年第 103 号、2014 年第 58 号、2014 年第 100 号、2015 年第 8 号公告对美国禽类和禽类产品进口的限制，允许符合我国法律法规要求的美国禽类和禽类产品进口。

5. 4 月 29 日，农业农村部召开国家畜禽良种联合攻关视频调度会。会议强调，畜禽良种联合攻关要聚焦市场需求和畜禽业发展瓶颈，在关键技术研究和品种培育上加大原始创新力度，提高主要畜种核心种源的生产效率和自给率，掌握畜禽种业发展主动权。农业农村部副部长张桃林出席会议并讲话。各攻关组汇报了畜禽核心技术攻关与新品种培育工作进展情况。

6. 5月29日，农业农村部发布第303号公告，公布了经国务院批准的《国家畜禽遗传资源目录》。该目录首次明确了家养畜禽种类共33种，包括地方品种、培育品种、引入品种及配套系等类型。该目录的制定和实施，将有力促进我国畜牧业持续健康发展，保障畜产品有效供给和质量安全。

7. 6月10日，"中国农业科学院2017—2020年十大科研进展"发布。这些科研进展涵盖农业生物技术、重大动植物品种选育和推广应用、农业重大疫病防控、农业资源高效利用等多个学科领域，具有原创性、突破性、引领性，产业支撑作用和影响力非常突出。其中，"自主培育肉鸭新品种打破国外垄断实现我国肉鸭品种国产化"入选。

8. 8月7日，农业农村部发布《2020年我国种公牛遗传评估概要》，包括验证种公牛遗传评估和青年种公牛基因组检测遗传评估结果，共计19个种公牛站的1 715头种公牛，其中1 671头中国荷斯坦牛、45头娟姗牛。

9. 8月13日，中国农业大学、首农食品集团、华智生物联合启动我国首款用于奶牛参考群体构建的中高密度液相"cGPS"自主芯片研发工作。

10. 8月25—26日，为扎实推进"华西牛"新品种培育进程，尽快打通新品种培育最后一公里，"华西牛"新品种培育联合攻关现场研讨会在乌拉盖管理区召开。

11. 10月11—13日，第十一届中国奶业大会暨2020中国奶业展览会在河北石家庄举办，同期举办了奶牛群体遗传改良技术论坛，发布了《中国奶牛群体遗传改良数据报告》(中国奶牛白皮书)。

12. 10月16—18日，"第三届世界绵羊大会云会议"在北京主会场成功召开。大会的主题为："大数据·新技术·多学科"引领绵羊智能育种和生产。

13. 10月23—25日，"地方黄牛选育联合会"在延吉市成立，对于推动我国自主创新的地方肉牛新品种培育，促进产业发展和技术升级具有重要意义。

14. 11 月 15—20 日，"首届种公牛网络评选活动"现场评选工作举行。此次评选活动宣传了肉牛民族种业，加大了优秀种牛的推广力度，有利于引导企业不断提高育种水平。

15. 11 月 20 日，首届"中国牛·优质牛肉专家现场品鉴会"在甘肃平凉举行。此次品鉴会首次确定了参评普通牛品种在国内外高品质牛肉生产和消费领域的价值与地位，初步筛选出符合国人消费需求的优秀普通牛品种。

16. 11 月 21 日，国家肉羊种业科技创新联盟成立大会暨实体化运营揭牌仪式在天津市召开。农业农村部总畜牧师马有祥出席会议并讲话，农业农村部种业管理司副司长孙好勤、农业农村部畜牧兽医局副局长王俊勋、全国畜牧总站党委书记时建忠、天津市人民政府副秘书长张剑、天津市农业农村委党委书记沈欣，以及中国科学院院士黄路生、中国工程院院士李德发等出席了揭牌仪式。该联盟将以合力推动全国肉羊育种科技创新为宗旨，力争用 5 至 10 年，打造出国际一流水平肉羊商业化育种技术平台，建成具有国际竞争力的种羊企业。

17. 11 月 23 日，国家（天津）肉羊生产性能测定中心项目在天津建成并正式启用，实现了肉羊育种信息化智能化数据采集、储存，把测定融入育种生产流程，保证了肉羊生产数据的准确性、时效性。该中心每年可以为全国提供约 2 000 只种羊的生产性能测定服务，每年培训国内专业技术人员约千人次。

18. 11 月 24 日，全国奶牛基因组选择参考群体第三方核查总结会在郑州召开。参考群抽检首次采取第三方评估考核机制。

19. 12 月 2 日，首届"中国牛·优质牛肉品鉴大会"在北京召开。大会以"品华夏牛肉 兴民族品牌 丰百姓餐桌"为主题，展示本土优质牛肉产品，共商肉牛产业良种化、优质化、品牌化未来。

20. 12 月 11—13 日，2020 世界种业论坛暨广州国际畜禽产业博览会在广州成功举办。农业农村部种业管理司副司长孙好勤，广东省农业农村厅一级巡视员郑惠典，中国工程院院士、西北农林科技大学张涌等领导和专家出席了大会开幕式。开幕式由温氏食品集团董事长温志芬主持。该论坛由温氏食品集团、世信国际会展集团联合主办，是我国首届由畜禽种业企业主办的国际化种业论坛，标志着我国畜禽种业企业已经凝聚起国际竞争力量，唱响了"种业强国梦"。来自中国、法国、荷兰、美国等全球多个国家的140多位畜禽产业部门领导和专家、278家国际畜禽领军企业齐聚广州，深化了行业企业间的多边交流与合作。

21. 12月14日，农业农村部种业管理司、全国畜牧总站联合组织编写的《全国畜禽遗传改良计划（2021—2035年)》形成送审稿。送审稿编制历时近2年，经过反复修改，广泛征求意见，是行业管理部门领导、同志与专家们的智慧结晶。

22. 12月18—20日，国家蛋鸡产业技术体系2020年度总结暨"十三五"考评会在北京举行，会议总结了2020年度工作，并回顾了"十三五"期间总体工作。

23. 12月21日，农业农村部发布《2020年中国肉用及乳肉兼用种公牛遗传评估概要》，包括全国32个种公牛站的30个品种、2 569头种公牛的遗传评估结果，首次公布了80头后裔测定西门塔尔种公牛结果以及366头西门塔尔牛的基因组评估结果。

24. 12月31日，中央农办主任、农业农村部部长唐仁健接受记者采访，谈学习贯彻中央农村工作会议精神，落实落细中央决策部署。唐部长强调，种子是农业的"芯片"，制订实施打好种业翻身仗行动计划，重点种源关键核心技术攻关和农业生物育种重大科技项目，实施新一轮畜禽遗传改良计划和现代种业提升工程，加快推进国家畜禽种质资源库建设。

25. 12月31日，《农业农村部办公厅关于公布2020年国家核心育种场等核验结果和变更名称的通知》（农办种〔2020〕11号）发布，北京顺鑫农业股份有限公司小店畜禽良种场等80家企业通过核验，有效期五年。天津恒泰牧业有限公司等13家单位未通过核验，取消资格。

26. 12月31日，农业农村部发布第381号公告，湘沙猪配套系、鲁中肉羊、草原短尾羊、黄淮肉羊、疆南绒山羊、蜀兴1号肉兔配套系、雪域白鸡、大恒 799 肉鸡配套系、神丹 6 号绿壳蛋鸡配套系、大午褐蛋鸡配套系、神丹 2 号蛋鸭配套系、强英鸭配套系、温氏白羽番鸭 1 号配套系和苏威 1 号肉鸽配套系等 14 个畜禽新品种（配套系）以及玉树牦牛、扎什加羊、沂蒙鸡、莱芜黑兔和太湖点子鸽等 5 个畜禽遗传资源业经国家畜禽遗传资源委员会审定、鉴定通过，由国家畜禽遗传资源委员会颁发证书。